DIÁLOGO CON CUATRO AMIGOS.

La relación de la filosofía, religión, teología y ciencia.

ANTONIO JOSÉ LÓPEZ SERRANO
2021

COLECCIÓN. EL PLACER DE PENSAR.

FILOSOFÍA
N.º 2.

Copyright. © 2021. Antonio José López Serrano.
Todos los derechos reservados.

2ª Edición. 2022

CUATRO AMIGOS.

Este nuevo libro que tienes entre manos de la colección EL PLACER DE PENSAR, va a desgranar la relación entre cuatro amigos, que no siempre se han llevado muy bien, pero que abarcan casi todo del saber y el conocimiento adquirido por la humanidad: religión, ciencia, filosofía y teología.
Les podríamos llamar: Religioso, Científico, Filósofo y Teólogo.
¿Te gustan los nombres? Se los vamos a cambiar por Beato, Sciencio, Logisto y Teófilo. Aunque les puedes llamar como quieras. A mi me gustan esos nuevos nombres. Son menos vulgares, y tiene un significado más intuitivo que los anteriores.
Beato es el apodo de Religioso, significa "feliz" en latín; Sciencio de Científico, significa conocimiento; Logisto de Filósofo viene de "logos" que significa "palabra o razón"; finalmente Teófilo procede de Teólogo, y quiere decir en griego, amigo de Dios.

Estos cuatro han estado con la humanidad desde el principio de los tiempos, y saben mucho del campo que dominan. Pero no se llevan bien entre ellos.

No te voy a engañar.

Son un poco vanidosos y soberbios.

Saben mucho de lo suyo, pero también les gusta meter las narices en los asuntos de los demás.

Siempre ha habido científicos que hablan de la existencia de Dios, o monjes que terminan pontificando sobre la realidad de nuestros mundo.

¿Te hablo de cada uno de ellos? ¿Te los presento?

El primero es Beato. Este muchacho tiene experiencia de Dios, y nos cuenta su relación con lo sagrado como puede.

A veces le faltan palabras precisas, pero es buen chico, y vive intensamente aquello que profesa. De alguna manera, se parece a San Juan de la Cruz, a San Ignacio de Loyola o al profeta Jeremías. Es más poeta que investigador o profesor. Es un místico y un poeta, y sin duda, es el más feliz de todos.

Sciencio es nuestro segundo amigo. Es el más observador de los cuatro. Le gusta analizar y pensar por encima de cualquier otra cosa.

Yo diría que se parece a un investigador privado, a un detective; sólo que lo suyo es mirar el mundo y a los hombres. Para conocer y ampliar su conocimiento, está obligado a acotar el mundo. Si quiere saber sobre la ranita de San Antonio, tiene que observarla, renunciando a todo lo demás. Ese es su sino. Que no puede abarcarlo todo. Es muy curioso, y le gusta dar una explicación sobre lo que observa e investiga. Elemental, querido Watson.

Logisto es nuestro filósofo. Es el tercero de nuestra lista de amigos. Logisto es hablador, cordial, y a veces divaga más de lo que le gustaría. Él mismo dice que le gusta pensar por el simple placer de pensar.

A menudo se queda ensimismado haciéndose preguntas profundas y críticas sobre la realidad y sobre el mundo. Pero no ofrece tantas respuestas como preguntas se hace. Especula y aterriza poco. En este sentido, su curiosidad no se limita a lo concreto, pues siempre quiere conocer la verdad última de las cosas.

El último de nuestros amigos se llama Teófilo, y es el representante de la teología.

Teófilo se dedica a hacer filosofía con lo que le cuenta Beato, es así de sencillo.

Sospecho que también él tiene alguna experiencia de Dios.

En ese sentido, se parece a Sciencio, siempre concentrado; aunque algunos dicen que sale más a Logisto, que quiere conocer la verdad última de todas las cosas.

¿Qué si son buenos amigos?

No te voy a engañar. Se llevan regular. Ha habido épocas que han compartido su conocimiento; y otros siglos en los que se han ido distanciando.

Ahora, por culpa de nuestro mundo, tan especializado —y por culpa de la historia que han compartido, tan llena de enfrentamientos— se llevan algo regular, cada uno va a lo suyo.

Sin embargo, gracias a Dios, he conseguido reunirlos y charlar con ellos en una tertulia singular y única.

Las cervezas, las tapas, las empanadas, raciones y demás bocadillos los he puesto yo. No me ha importado, pues he sacado muchas cosas en limpio.

¿Te lo cuento? He logrado que Beato, Sciencio, Logisto y Teófilo; o sea, Religioso, Científico, Filósofo y Teólogo se sienten para charlar amistosamente. Les he preparado unas preguntitas y unos cafés.

Es mi primera cita.

Por supuesto, no ha sido fácil.

EL PRIMER CAFÉ.

Antes de convocarles a una primera reunión, he tratado de informarme de lo que sabe la sociedad, o dice saber; y lo que saben ellos. Y me he llevado una sorpresa.

Me explico. Mucha gente se queja de que nuestro mundo es demasiado complejo. No tiene sentido, dicen. La gente se queja de que las redes sociales están saturadas de "fake-mentiras", y que no saben a qué atenerse.

La superficialidad, a la hora de explicar la realidad, es demasiado abundante en el discurso ordinario que se escucha en los medios. No se profundiza, y por esa razón, se cuentan muchas verdades parciales. No se escucha el discurso del que ofrece una respuesta global, y cada vez menos voces hablan con sabiduría.

¿Sabe alguien el porqué último?

¿Alguien tiene la verdad? ¿Dónde está el saber?

Estas son las preguntas más repetidas por la gente. El mundo quiere saber la verdad, pero no es consciente de que la verdad no es quizás un tesoro, sino una actitud.

La respuesta está en la sabiduría que se comparte, en la actitud humilde, en la reflexión sosegada.

Y en las lecturas que nos faltan. Que cada vez son más.

Por eso he convocado a estos cuatro amigos, que son bien distintos.

Les he citado en una cafetería que hay cerca de la Plaza de la Universidad. Es un lugar emblemático. La catedral se levanta frente a la antigua fachada de la Universidad, dejando en medio un sencillo parterre con una estatua de Miguel de Cervantes. A su lado hay un mercado y al otro, varios bares y restaurantes.

La plaza no es exactamente cuadrada. Tiene forma de trapezoide. Los vehículos circulan por uno de los exteriores, y desde hace unos años, son menos abundantes. Hay un kiosko que vende periódicos y revistas, y una parada de autobús con marquesina para la lluvia.

La cafetería tiene un nombre extraño, y creo que fue, en sus buenos tiempos, un club de Jazz. En su interior se conserva un piano, una batería, un contrabajo y varios instrumentos más a modo de decoración. Los camareros son atentos, y lo que más me gusta del lugar, es que no suele haber ruido.

Eso es fundamental para podernos entender. Y para hablar a gusto.

¿Qué debería saber Beato?

Beato tiene experiencia de Dios. Sabe cosas de Dios porque dice que lo ha experimentado. Sin embargo, él mismo nos ha dicho que no sabe todo, absolutamente todo de Dios.

¿Y Sciencio?

Sciencio presume de saber muchas cosas del mundo. Sabe biología, literatura, astrofísica y matemáticas… Es muy listo, desde luego. Pero hay algunas preguntas ante las que titubea.

Me refiero a Dios, el sentido de la vida, o qué hay tras la muerte. Ahí está pez, pececillo y más perdido que un pulpo en un garaje. En esos casos especula y no da pie con bola. Eso, en el mejor de los casos, cuando se digna responder a esos asuntos.

Además, nos hemos fijado que Sciencio, de cuando en cuando, cambia de opinión. Cosas que decía que eran verdaderas, ahora nos cuenta que son falsas.

Esto no tiene por qué ser motivo de sospecha. Al contrario. Buscar la verdad implica tenerse que equivocar unas cuantas veces. ¿Le ha pasado eso a Sciencio?

De Logisto no sé bien qué decir. ¿Sabe algo?

Logisto se hace muchas preguntas. Le gusta la profundidad e ir a la raíz de los asuntos. El problema es que no tiene seguridad en sus respuestas. Habla, razona, argumenta y es un buen conversador —mejor que Beato y Sciencio— pero está algo disperso.

Hace las mejores preguntas, y divaga con miles de respuestas sobre cada cuestión. Es curioso y molesto por naturaleza.

¿Y Teófilo? ¿Qué sabe Teófilo?

Teófilo sabe de lo que hace Beato. Y luego le ofrece casi todo su saber a su amigo del alma.

Quizás sea el más sociable y abierto, pues es capaz de escuchar tanto a Sciencio como a Logisto sin ningún complejo. Puede no estar de acuerdo a veces, pero siempre los escucha.

Les espero en la entrada del Pub, sin bajar las escaleras que nos conducen a su interior.

Antes de sentarnos en las mesas los he presentado unos a otros. Se conocían, pero desde hace mucho tiempo, no se hablaban. Les he visto reticentes y a la defensiva.

Luego me han acompañado a la mesa que les había reservado, y tras pedir el tipo de café que les apetecía, alrededor de una mesa, perfectamente repleta de pastas de té, les he formulado la primera pregunta del día.

—Antes de comenzar me gustaría poner las cinco normas de este debate.

—Adelante —dijeron varios con cierto orgullo, como si temieran ser acusados de poco disciplinados.

—La primera norma es dudar de lo que uno sabe y opina. Lo segundo, pensar en lo que se va a decir. La tercera es obligatorio escuchar al otro hasta que termine de hablar. Y la cuarta, hay que pensar en lo que ha dicho el otro antes de emitir un juicio. Con eso será suficiente.

—¿Y la quinta norma? Habías dicho que había cinco normas —dijo Logisto.

—La quinta norma consiste en disfrutar de lo que opinen los demás.

Se sonrieron. Por primera vez.

—Me gusta esa última norma. Hay que venir a disfrutar y a escuchar. Estoy de acuerdo —dijo Teófilo recogiendo lo que creo que era el parecer de todos.

Pedimos los café, y tengo que reconocer que cada uno lo hizo con una modalidad distinta. Esto no es demasiado extraño en nuestra ciudad, pues a menudo, cuando uno toma café con varios amigos, nadie coincide en gustos. Con leche, descafeinado de máquina, de cafetera, de sobre, capuccino, cortado, cortado con leche fría, etc. Hay un café distinto para cada persona, y mis amigos se hicieron eco de sus gustos.

Cuando nos sirvieron, reordenamos la mesa, distribuimos por cercanía y comodidad, y tras remover nuestras bebidas calientes, formulé la primera pregunta.

—Mi pregunta de hoy es la siguiente. ¿Hay alguien que tenga la verdad absoluta? ¿Hay alguien perfecto en este mundo?

Se quedaron los cuatro en silencio pensando, hasta que intervino Teófilo.

—Si Dios existe, que yo creo que sí —y miró a Beato para que asintiera— Él tiene que tener la verdad absoluta y la perfección. Sin embargo, si hablamos de personas corrientes y molientes, es decir, de nosotros, los efímeros mortales, nos encontramos que no. Nadie es perfecto.

—Es una interesante respuesta —dijo Logisto—. De hecho, creo que estoy de acuerdo en casi todo —y tomó aire para no romper las normas el primer día— excepto en creer en Dios. ¡Vaya usted a saber si existe o no! No se puede demostrar, ni su existencia ni su no existencia. Así que, en conclusión: es indemostrable saber si alguien tiene la verdad absoluta y la perfección. Aunque ahora que lo pienso, quizás sí podría existir un alguien. Alguien que no fuera de este mundo, claro.

—Es extraña tu forma de titubear —reparó Sciencio—. Parece que todo te fuera válido, que existiera y que no existiera al mismo tiempo.

—Así es —respondió Logisto que se quedó mirando a Sciencio para que hablara y diera también su respuesta a la pregunta.

Aquello fluía e iba bien.

—¿Estabas pensando en mi cuando has dicho que podía existir un alguien? —preguntó Sciencio como queriéndose dar importancia.

—Quizás.

—¿Y tú? —me preguntó dirigiéndose a mi—. ¿Has preguntado pensando en mi en concreto?

—No, no. No estoy pensando en ninguno de los cuatro de manera individual, sino en los cuatro a la vez. Quiero decir... ¿Podríais entre los cuatro saberlo todo? Cada uno representaría un 25% del saber. ¿Es eso cierto? ¿Podríais representar cada uno el 25% del saber?

—Desde la matemática, sí es así —dijo Sciencio —. Uno más uno, más uno, más uno son cuatro. Cada uno posee una cuarta parte de la verdad. La pregunta es si el conocimiento de cada uno de nosotros abarca un 25% —y tras mirarnos con cierta inquietud continuó hablando—. La ciencia abarca más de un 25%.

—Hay saberes que proceden de ideas sencillas, y saberes que parten de ideas complejas. Creo yo que todos los saberes son iguales— respondió Teófilo.

—¿Seguro? —pregunté —. ¿En qué te basas para hacer esa afirmación?

—Disculpad, pero creo que la pregunta no está bien formulada —dijo Logisto con parsimonia—. Lo explico. Si cambiamos las reglas de la matemática, uno más uno, más uno, más uno, no serán cuatro. Quiero decir que no tenemos por qué aceptar la regla de que la suma de las partes sea igual al todo. ¿Por qué no hacer otra matemática distinta?

—En eso estoy de acuerdo —dijo Beato— la suma de las partes, no es capaz de alcanzar el Todo, que es Dios. ¿Es eso lo que quieres decir?

—No exactamente, pero sí. La suma de las partes es mayor que las partes en sí. Hay un elemento que se nos escapa.

—Ese elemento puede ser Dios —dijo Teófilo.

—Sí. Pero también puede ser algo que no sea conocimiento. Es decir, algo que no forme parte de los conocimientos que de ordinario tenemos cada uno. Un plus, una emergencia distinta a las partes —dijo Logisto.

Y se quedó en silencio mientras todos pensábamos en lo que decía, para terminar matizando.

—Eso suponiendo que Dios no sea un ente matemático— repuso Logisto, que siempre tenía la última palabra.

—En todo caso —dijo Sciencio— estamos todos de acuerdo en que el saber no es como si fueran manzanas o cebollas. No podemos sumar y restar el saber de cualquier forma, hay asuntos más importantes que otros.

—¿Por ejemplo? —pregunté.

—El asunto de Dios es muy distinto al de la clasificación de los mamíferos dentro de la zoología. El saber comportarse, por ejemplo, implica una sabiduría y un conocimiento diferente a saber historia o literatura —dijo Logisto.

—Eso es cierto. Hay saberes prácticos y saberes más teóricos. Hay un conocimiento que implica a toda la persona, a sus creencias y convicciones más profundas; y otros conocimientos que apenas repercuten en la vida —comenté.

—Así es —repuso Logisto mientras echaba un azucarillo en su taza—. Por cierto, ¿pedimos unos pastelillos de crema?

EL YO LO SÉ TODO Y OTRAS CUITAS.

    Logisto se levantó para pedir en barra. El camarero que nos había atendido nos trajo los pastelillos de crema que tanto le gustaban en cuanto le susurró algo al oído. No sabía que era goloso, y es que no se conoce a la gente hasta que no se comparte más tiempo.

    Con el revuelo, y dado que se levantó Teófilo para ayudarle, me quedé pensando en mis cuatro amigos.

    Decía mi abuelo, que hay gente que presume más que una mierda en un solar. Y ese refrán, tan castizo y gráfico, expresa bastante bien lo que nuestros cuatro contertulios habían tratado de vendernos durante siglos.

    Ahora son más humildes, pero hace años… había que verlos.

    Beato se empeñó en el pasado en afirmar que su experiencia de Dios era absoluta.

Lo mismo dijo Logisto sobre la Razón. La razón es absoluta. Incluso dijo que Dios era la Razón Absoluta, y habló de la Diosa Razón como un absoluto.

¿Por qué esa cerrazón y esa falta de escucha al otro? Pensé que las personas no están preparadas para escuchar a los demás. Nos habituamos a pensar, a hablar, a razonar, a formar una opinión y a disentir, pero es bastante más complicado escuchar de manera comprensiva, profunda y en silencio.

Sciencio, que siempre había parecido más comedido, se había pasado parte el siglo XIX presumiendo con que poseía la verdad absoluta. Le bastaba con que le dejaran avanzar. ¡Y muchos lo creyeron! Sin embargo, después de dar muchas vueltas, ahora parecía haber cambiado. Ya no dice tener la verdad absoluta.

Observé que quizás, el que menos había presumido de poseer la verdad absoluta había sido Teófilo. A menudo soltaba una sentencia lapidaria que me gustaba: "es más lo que desconocemos de Dios que lo que conocemos".

Aunque también hubo unos años en los que dijo que él conocía el camino más corto para alcanzar a Dios. Lo dijo frente a Logisto, que se enfadó con el tema. Tu camino es muy largo, le espetó cuando se distanciaron.

Desde entonces, no se han llevado demasiado bien estos dos.

Lo cierto es que mis cuatro amigos habían pasado de afirmar el "yo lo sé todo", a un modesto y humilde "yo sé de lo mío". Pero incluso entre ellos se miraban con escepticismo.

Lo tuyo no es tan valioso, parecían querer decir con la mirada y con los gestos habituales de la vida.

¿Por qué habían terminado así?

Realmente, toda la sociedad es como ellos: escéptica. Nada parece ser creíble.

No se cree en Dios, ni en la razón, tampoco se cree en los argumentos, y no se cree demasiado en los científicos que parece que cambian de discurso cada poco.

¿En qué cree, entonces, la gente de hoy día?

Si todos cacarean gritando que poseen la verdad, entonces podríamos concluir que nadie la tiene.

Nuestra historia más reciente había sido terrible. Todos afirmaban la verdad a costa de los demás, especialmente cuando las ideas eran totalitarias y excluyentes: los marxistas, los liberales, los nazis, los cristianos, los conservadores, los... Tantos y tantos discursos afirmaban poseer la verdad. Sin duda, eso nos ha agotado, y no nos creíamos nada.

Mucha gente piensa hoy que nadie posee la verdad. También mis amigos. O dicho de otra manera, que la verdad no existe, que es relativa, subjetiva y, por tanto, parcial y particular.

EN BUSCA DE LA VERDAD PERDIDA.

Llegó Logisto triunfante con sus dieciseis pastelillos.

—Tocamos a cuatro, pero si alguien no quiere los suyos, me los puede dar —dijo sonriente.

Nos acomodamos, mientras le ayudaba el camarero.

—Voy a reformular la pregunta —les dije con parsimonia mientras servían los cafés y los pastelitos de crema—. ¿Existe la verdad? Alguien puede decirnos si existe la verdad. No la verdad absoluta, sino simplemente, la verdad.

Se quedaron en silencio, esperando a que otro fuera el primero en responder. En este caso, rompió el hielo Logisto, que estaba feliz con su merienda.

—Existen tres posturas frente a la verdad. Unos dicen que la verdad sí que existe. Otros afirman que la verdad existe, pero que no podemos alcanzarla; y unos terceros afirman que aunque la verdad *existiera, y suponiendo que la pudiéramos alcanzar, no podríamos en ningún caso comunicarla a los demás.*

—Lo que sí me parece a mi, es que la sociedad en general no posee la verdad por ninguna parte —dijo Beato.

—Coincido contigo— dijo Sciencio muy sobrio, pensando que aquel montón de pastelillos eran excesivos.

—Hoy en nuestra sociedad hay cientos de redes sociales y periodísticas que rezuman relatos, discursos, argumentos, vídeos, imágenes, páginas, elaboraciones... — explicó Logisto con la boca llena mientras devoraba lo suyo—. Son periodistas, contertulios, políticos y demás fauna, que cotorrean todos los días diciendo que saben la verdad, que la conocen y que te la van a mostrar. Hay para todos los gustos, desde ecologistas salvadores del planeta, hasta catastrofistas sin catástrofe. Todos pretenden mostrarnos la verdad. Muchos presumen con que la tienen, pero casi ninguno profundiza.

—Eso es verdad. El otro día, sin ir más lejos, me invitaron a un programa de Televisión para preguntarme algo. Como experto, me dijeron —explicó Sciencio—. Pues bien. No me hicieron ni puñetero caso, apenas empecé a explicarme, me cortaron. Que les tradujera lo que decía, que fuera más claro, que no había tiempo para argumentar. Luego sacaron una frase mía de contexto, y se quedaron tan anchos.

—Pues da gracias —dijo Teófilo—. A Beato y a mi, no nos llaman nunca.

—Ni a mi —dijo Logisto—. Son tan superficiales que les aburrimos con lo nuestro. Como mucho, te llaman a tí, para que les des un titular. No quieren profundizar en nada.

—Bueno. Al menos dicen que eres experto en algo —dijo Beato.

—Decidme muchachos —interrumpí mostrándome más solemne—. ¿Hay algún método para discernir y separar la verdad de la mentira? Nuestro mundo parece tenerlo bastante complicado.

—Cualquier método, incluido el método científico, tiene su imperfección —afirmó Logisto.

—¿Es eso cierto? —le pregunté a Sciencio.

—No sé si estoy de acuerdo, pero supongo que sí. Nunca me había parado a pensar en el método científico —dijo Sciencio.

—Lo que sí tenemos claro es que la mayoría de la gente no sabe distinguir la verdad de la mentira —apunto Teófilo con agudeza.

—A mi, desde luego, no me quieren escuchar —pronunció Beato con un gesto que me recordó a un niño pequeño.

—Ni a mi —dijo Logisto.

—Tampoco yo les intereso demasiado —explicó Sciencio—. Me admiran pero no me escuchan.

—Ya veo —les dije—. ¿Me permitís una última pregunta?

Me miraron expectantes.

—¿Podríamos trabajar juntos para buscar la verdad? —les pregunté.

Se quedaron en silencio hasta que Logisto tomó de nuevo la palabra.

—Si hay pastelillos de estos, tan ricos, sí.

UN EXTRAÑO ANIMAL.

La segunda sesión de preguntas la tuvimos una semana más tarde. Era el mismo día, un domingo por la tarde, que era cuando mejor nos venía a todos. Estábamos contentos, pues habíamos logrado superar las reticencias iniciales.

Yo había pensado, durante esos días las preguntas que iba a inquirir, pero había dado más vueltas a lo que habíamos descubierto hasta aquel momento.

¿Quién posee la verdad hoy día?

En mi opinión, la verdad se puede encontrar donde siempre ha estado: en los libros, en la filosofía, en la ciencia o en la religión. Está junto a los que piensan en libertad y tratan de ser intelectualmente honestos. La verdad está en la tradición que nos transmiten nuestros mayores. La verdad sólo puede estar en lo absoluto, es decir, en Dios.

Pero Dios no es tan transparente como nos gustaría.

Por eso pienso que la verdad se encuentra junto a los que no se conforman con la primera opinión, idea o pensamiento que llega a sus cabezas. La verdad no está en la espontaneidad, ni en la lectura de uno o dos libros. La verdad no está en un cliché repetido hasta la saciedad, no está en un comentario suelto dicho con solemnidad.

La verdad, si existe, debe estar próxima a los científicos, los filósofos, los artistas y los místicos.

Mis amigos pueden poseer mucha de esa verdad, estaba seguro de ello.

—*¿Qué dónde está la verdad?* —*dijo Logisto feliz de ver que llegaban los cafés con los pastelitos de crema*—. *Si quieres conocer la verdad, tendrás que pensar por tí mismo, y eso requiere un esfuerzo.*

—*También depende de lo que busques. Creo yo que si quieres conocer lo que de verdad ha sucedido, por ejemplo, hoy en el mundo, tendrás que acercarte a varias fuentes de información, no a una sola, y tendrás que contrastar y pensar qué noticia te dan y por qué te la dan de esa manera. Tendrás que pensar por tí mismo qué es lo que verdaderamente ha sucedido, y qué trascendencia tiene.*

Y se relamió mientras abría el azucarillo y removía con su cucharita. Luego siguió pontificando con bastante acierto.

—*Yo creo que si quieres conocer la verdad, tendrás que escuchar, observar, discernir, sopesar, valorar y razonar por ti mismo. Tendrás que evitar el ruido social y el circo mediático. Tendrás que pensar libremente, y disfrutarás pensando. Eso es lo que creo. Descubrirás que nadie tiene la exclusiva, ni la razón absoluta del conocimiento, aunque muchos presuman de tenerla.*

—*¿Os puedo contar una historia?* —*interrumpió Beato, que era muy dado a narrar cosas.*

Nos sentamos a escuchar, mientras preparábamos nuestra deliciosa merienda, al gusto de Logisto.

—*Una porción de tarta, por favor* —*pidió Teófilo a mayores.*

Y es que no nos privábamos de nada cuando estábamos a gusto.

Hace muchos años, en una aldea lejana y remota de un país cuyo nombre no recuerdo, vivía una tribu donde todos sus habitantes eran ciegos. Aquellos hombres no podía ver, por lo que todo lo que aprendían era a través de sus manos, tocando objetos.

Un día, un mercader llegó al pueblo con un animal. Tenía la intención de venderlo al mejor postor, pero el hombre, tuvo la desgracia de sufrir un accidente antes de que pudiera ofrecer y decir nada a los vecinos. Quedó inconsciente, y fue hospitalizado en la casa del médico.

Los del pueblo, se dieron cuenta de que el animal del mercader podía morir de inanición, y decidieron averiguar qué tipo de animal era, para así darle de comer lo propio.

Se reunieron en la plaza del pueblo, y fueron pasando para tocar al animal.

—Es una serpiente —dijo uno de ellos tocando lo que parecía un cuerpo blando y reptante.

Pasó el siguiente, y dio otra opinión al respecto.

—No. No es una serpiente. Tiene un rabo pequeño, y parece de cerdo, así que tiene que ser un cerdo. —comentó otro mientras examinaba con sus manos la cola del animal.

—Yo creo que es un murciélago —indicó el tercero mientras sobaba una membrana pellejuda de aquel extraño bicho.

La gente no se podía de acuerdo. Hasta que llegaron los dos últimos, y posaron sus manos sobre algo que les parecieron dos columnas sobre las que se asentaba el animal.

—Es una divinidad, y convendría adorarlo. No debemos alimentarlo, pues sólo un dios puede tener esta forma.

—En realidad, tiene que ser un extraterrestre, pues es un animal demasiado extraño —dijo el alcalde, que como no sabía a qué atenerse, decidió subir los impuestos, por si acaso.

Aquellos hombres discutieron durante varios días. Incluso uno de ellos estaba dispuesto a imponer por la fuerza su criterio. Al cabo de tres días, quedaron todos tan agotados que se dieron por vencido y se fueron a sus casas.

A la semana, despertó el mercader de su inconsciencia, y tras recuperarse, escuchó perplejo lo que decían del animal y lo que podía ser.
Aquella misma tarde, reunió al pueblo en la plaza del pueblo y les comunicó la verdad.
—¡No es una serpiente, ni un murciélago, ni un cerdo! Tampoco es un dios, ni es un ser extraterrestre.
—¿Y qué tipo de animal es el que traes? Dinos a qué especie pertenece —replicó enfadado el más agresivo, el que pensaba que nunca se equivocaba en nada.
—Es un elefante.
La gente se quedó pensativa y boquiabierta.
—Cuando tocabais la trompa del elefante, os parecía una serpiente; cuando analizabais la cola, sospecháis de estar ante un cerdo; cuando estiráis el pabellón de su oreja, os resulta semejante a un murciélago. Este animal no es un dios, ni es un extraterrestre. No se puede conocer la realidad, sin conocer todas y cada una de sus partes.
Aquellos hombres se dieron cuenta de lo equivocados que habían estado, y de cómo las cosas no eran lo que parecían ser.
Para encontrar la verdad tenían que haberse esforzado dialogando entre ellos. Eso era precisamente lo que no habían hecho para encontrar la verdad. Hablar e intercambiar ideas, pensando al menos, que el otro también puede tener algo de razón.

Beato se había expresado con confusión, pero había una buena intuición en su historia.

Si quieres conocer algo, si quieres ser verdaderamente sabio, pregunta a varios, indaga en las opiniones que encuentres y piensa por tí mismo.

Nuestros amigos ciegos podían haber llegado a la verdad. Les bastaba con haber hablado entre ellos, pero no lo hicieron. Cada uno creía ser poseedor de la verdad, y habían terminado discutiendo.

Beato, Logisto, Sciencio y Teófilo se parecían mucho a aquellos hombres. Cada uno cree saberlo todo, cuando no dispone más que de una parte del conocimiento.

Es verdad que el conocimiento de lo Absoluto pertenece a Beato, o al menos él lo ha experimentado. Pero eso no hace que su conocimiento sea absoluto.

Relacionarte con un policía de tu barrio, no te convierte en policía. Eso era claro.

Sciencia dispone de cientos de miles de porciones de la verdad. Quizás entre todas ellas pueda componer un buen puzzle. El más amplio y fiable. Sin embargo, hay algunos aspectos de la verdad a los que no tiene acceso. ¿Puede responder por el sentido de la vida? ¿Sabe cómo debe comportarse en la vida mirando un microscopio? Evidentemente, no. De eso no entiende ni entenderá.

Logisto tiene buenas preguntas, pero le faltan las respuestas. Especula, indaga, tiene buena actitud y profundiza en todo.

¡Es el mejor conversador y esa es su principal baza!

Interés, profundidad… todo lo escruta y todo lo quiere saber. Mira desde arriba y desde dentro, es muy curioso. Le falta un método, y esa es su debilidad. Piensa, razona, da vueltas. Escoge unas premisas y es consciente de sus errores. ¿Cómo puede evitarlo?

LA NEGACIÓN DE MIS AMIGOS.

La conversación fluía, igual que los pastelitos y los cafés. Estábamos hablando de cómo nos podríamos poner de acuerdo otra vez, cómo podíamos trabajar juntos.

Dimos un par de vueltas al asunto, hasta que Logisto, con una intuición fantástica, nos hizo unas preguntas. Era como un juego, y todos nos prestamos a ello. Parecía saber adónde llevarnos.

—*Primera pregunta —dijo—. ¿Preparados?*
Todos nos avezamos para escuchar, yo especialmente. ¿Qué quería ahora este hombre?
—*¿Qué es lo contrario de Beato?*
Nos quedamos en silencio.
—*Quizás sea Sciencio —dijo Teófilo.*
—*No. Claro que no. Lo contrario de Beato es "no-Beato".*

—No entiendo, explícate —le pedí.
—Lo contrario de A, es la negación de A. Es decir, no-A. Por eso lo contrario de Beato es no-Beato; lo contrario de un servidor, Logisto, es no-Logisto; lo contrario de Sciencio es no-Sciencio; y lo contrario de Teófilo es no-Teófilo.
—No entiendo a dónde quieres ir a parar —repuso Teófilo.
—Si dialogamos, cederemos un poco de nosotros mismos a los demás. Quiero decir... un trozo de mi, será vuestro. ¿Me seguís?
—Sí, claro. Dialogar implica siempre escuchar al otro, empaparse del otro, comprender al otro —dijo Sciencio.
—Correcto. Dialogar es compartir, y compartir implica un intercambio.
—¿Compartir ideas?
—Ideas y creencias, sabiduría, conocimiento.
—De acuerdo. Pero entonces, ¿a qué viene eso de la negación de alguien? —pregunté de nuevo a Logisto.
—Os lo explico. Ahora, aquí sentados, somos ocho. Somos cuatro y cuatro. Cuatro amigos y cuatro enemigos. Beato y no-Beato; Logisto y no-Logisto; Teófilo y no-Teófilo y Sciencio y no-Sciencio. Somos ocho. Si dialogamos, hay que contar con los ocho necesariamente. Tenemos que escuchar también a nuestros enemigos. Sólo así sabremos mejor lo que hacemos y en qué consiste nuestro saber
—¿Para qué queremos ser nosotros y nuestra negación? No le veo el sentido. ¿Por qué mantener esa suposición? —preguntó Teófilo.
—Porque entonces no obtendremos una porción de verdad, sino una verdad y una falsedad. ¿Lo entendéis? Vamos a usar la lógica. ¿Me seguís?
—Sí, claro.
—Bien. Tenemos que exponer lo nuestro, lo de cada uno, sin contradecirnos y sin pisarnos entre nosotros. Si uno dice, por ejemplo, que el agua es H2O, no podemos pensar que contradice una afirmación tipo: el agua es purificadora del alma. Lo contrario de Sciencio es no-Sciencio, no es Beato. ¿Lo entendéis ahora?

—Creo que sí. Ahora está claro. Lo que afirmas sería un error, un terrible prejuicio, negar una verdad científica con otro tipo de verdad.

—Chapeau —dijo Logisto imitando con la boca el sonido de una botella de champán al descorcharse.

Era interesante la premisa de Logisto para seguir charlando.

Si Sciencio decía que la tierra era redonda, no podía Logisto oponerse, ni tampoco Beato o Teófilo. Ese había sido un error que habían cometido en el pasado a la hora de razonar.

Era necesario que viniera no-Sciencio, para que le dijera a Sciencio que no era redonda. La ciencia no se puede oponer a la fe, y la fe no se puede oponer a la ciencia. Tampoco puede oponerse la filosofía a algo que dijera la ciencia, porque no lo conocía.

Cada uno debía hablar en su plano de realidad y de conocimiento.

Cada uno debía hacerlo en su lenguaje y bajo los criterios de su conocimiento, con los límites de su propio discurso.

Nadie podía decirle a Beato, por ejemplo, que Dios no existía, salvo no-Beato; nadie podía negar la ciencia, salvo no-Sciencio. Era una buena estrategia para entendernos.

SUMAR Y NO RESTAR.

Mucha gente se cree en posesión de la verdad, y no acepta ninguna otra opinión en su contra. Dirá que el mundo es así porque es así. Muchos se jactan de haber tocado al "elefante", y saber de buena tinta que es una serpiente, o una jabalí, o un extraterrestre.

Desde hace años, y me sucede a menudo como profesor, tengo que dedicar tiempo para que mis alumnos "desaprendan" lo que han aprendido mal. Es algo habitual, y no soy el único que lo afirma.

Los psicólogos nos cuentan que uno de los esfuerzos más habituales de la gente consiste en desaprender lo que se ha aprendido mal. Debemos volver a aprender a comer, a pensar o a relacionarnos. Debemos volver a pensar la vida una y otra vez. También debemos desaprender autoengaños, justificaciones ridículas o creencias supersticiosas que esclavizan. Todo eso son "desaprendizajes" que hay que acometer en la vida.

De hecho, nos pasamos la vida aprendiendo y desaprendiendo para volver a aprender otra vez. Construimos ideas equivocadas que ponemos en cuestión más adelante, y es que nadie sabe todo con 18 años, pero tampoco con 53 años.

El cuento del elefante que nos había contado Beato nos enseñó que hay una sabiduría oculta tras el diálogo y el intercambio de ideas.

Nos había enseñado que es necesario mirar el conjunto para captar con más claridad la verdad. Logisto nos había aclarado que eran aspectos de la verdad, planos de una verdad que no tenía por qué ser excluyentes. Lo que afirmaba Beato no tenía por qué ser negado por Sciencio.

—*¿Qué es el agua?* —*preguntó Logisto.*
—*Ache dos ó. Dos moléculas de oxígeno y una de hidrógeno. H2O* —*contestó Sciencio.*
—*¿Y para ti, Beato?*
—*Para mi el agua es un regalo de Dios para purificarnos.*
—*Dijo Tales de Mileto* —*anunció Logisto*— *que el agua era el "arché" el principio y origen de todas las cosas* —*y continuó tras una pausa*—. *Y ahora viene mi segunda pregunta. ¿Tenemos que discrepar para saber qué es el agua? ¿No sería más valioso respetar el discurso mientras ofrecemos el propio?*

Tras un silencio, retomé la conversación por el mismo cauce por donde había discurrido.

—*Os pregunto, si me lo permitís. Vuestro enfrentamiento en el pasado, ¿fue por invadir el campo de conocimiento del otro? ¿Fue por eso, realmente?*
—*Yo creo que sí* —*dijo Beato.*
—*Y lo más terrible* —*se apresuró a explicar Sciencio*— *es que ha tenido consecuencias sociales y culturales. Por ejemplo, el ESCEPTICISMO actual. Puesto que nadie está de acuerdo con nadie, es fácil pensar que la verdad no exista.*
—*Eso es cierto*— *afirmó Teófilo*—. *Hoy la gente es especialmente escéptica. Ya lo comentamos el otro día.*

—Pero yo creo que hay algo más. Hay otra consecuencia— dijo Beato—. El DESPRECIO al otro. La soberbia de creerse mejor y más sabio que los demás, suele poner en marcha el enfrentamiento. ¿Es mejor la ciencia que la religión? ¿Y la filosofía? ¿Es mejor que los demás? Yo creo que ninguno es más que el otro.

—Además, cada uno resuelve sus problemas y trata de cosas distintas. ¡Bien dicho, Beato! —dijo Teófilo para reafirmar su última intervención.

—Desde luego no es muy inteligente despreciar a un médico, porque tarde o temprano, hay que recurrir a él. Y tampoco es de sabios despreciar la religión, porque tarde o temprano uno se hace preguntas sobre la muerte. Cada uno ayuda en su campo, supongo.

—Quizás haya una tercera consecuencia— dije, tomando la palabra más de la cuenta.

—¿Cuál?

—Vivimos bajo un RETROCESO ACRÍTICO. Dicho de otra forma: cuanto menos se sabe, menos se razona y menos se aprende. Una sociedad escéptica termina siendo, aunque parezca lo contrario, una sociedad más manipulable y débil. Más blanda y "light".

—Esto es cierto. Así lo afirman los filósofos de la posmodernidad— corroboró Logisto—. Nuestra sociedad es campeona en superficialidad. La distorsión informativa nos ha hecho más frágiles y débiles. Menos críticos y menos inteligentes.

—¡Quizás si la humanidad se diera una nueva oportunidad para dialogar como lo hacíamos nosotros!

OTRA OPORTUNIDAD.

—Mis queridos contertulios —les dije cuando procedíamos a terminar la sesión de aquel día—. Creo que tenemos que dar un paso más en nuestra tertulia. La aportación de Logisto ha sido magnífica, y nos ayuda mucho. Pero hay que continuar con algo más profundo.
Todos me miraron con sorpresa.
—Imaginaos que todo estuviera solucionado en la aldea que propuso Beato. Imaginaos que los aldeanos pusieran en común sus pequeñas experiencias tocando al extraño animal, y estuvieran dispuestos a aprender y a saber. ¿Alcanzarían la verdad?
Se hizo un silencio que auguró una nueva vuelta de tuerca. Nos íbamos a ir, pero aquello nos retuvo tres cuartos de hora más.
—Podrían no saber nunca qué es —contestó Beato—. No siempre podemos conocerlo todo con claridad y precisión.

—Así es —dijo Logisto—. Ciertamente, la humanidad puede no poseer la sabiduría necesaria para saber qué era aquel bicho. La realidad puede no ser una simple suma de las partes. Por eso, aunque tengamos todas las piezas de un rompecabezas, podemos no comprender el dibujo del rompecabezas. ¿Me explico? Quiero decir que para saber lo que es un ornitorrinco o un elefante, vale; pero para otras cosas...

—Quizás la verdad no esté en describir la realidad, sino en interpretarla —dijo Teófilo—. Dicho de otra manera: si la suma de las partes, no es el todo; entonces es que hay un elemento extraño que se nos escapa. Ese trozo, ¿qué sería? ¿Sería el dibujo del rompecabezas?

—No entiendo, me resulta muy abstracto —dijo Sciencio.

—Imagínate que partieras un melón con un cuchillo e hicieras cuatro partes —continuó Logisto con la argumentación de Teófilo ante la sorpresa mía, pues cuando estos dos se ponían a pensar, parecían imparables—. Ahora suma las cuatro partes del melón y únelas. ¿Vuelves a tener un melón? ¡Ah! Me dices que no puedes pegar las partes del melón para que sea el de antes. Es una buena respuesta.

—Además de las partes —interrumpió Teófilo— hay un orden interno, un sentido, una información incomprensible para nosotros.

—Creo que lo entiendo —dijo Sciencio—. Si descompongo a un ser humano puedo decir que está formado por Carbono, Hidrógeno, Oxígeno y una variedad diferente de elementos químicos como hierro, calcio... Sin embargo, esos elementos no son un hombre, no son un ser humano. Se necesita algo más, un orden interno, una información ordenada.

—Correcto —dije.

—Todos sabemos algo sobre el agua, pero lo expresamos y comunicamos en planos distintos de conocimiento —dijo Beato mientras intentaba entender todo aquello.

—Eso es. Como si fueran juegos de lenguaje diferentes. Así lo dijo el filósofo Wittgenstein —nos aseguró Logisto—. Cada uno de nosotros utiliza un lenguaje distinto, un juego de lenguaje diferente. No hablamos de la misma manera, por eso tenemos que ponernos *"en modo religión", "en modo ciencia", "en modo filosofía". Sólo así nos podremos entender.*

Por eso, les propuse que dedicáramos un día a cada uno, para así poder aprender más y saber más lo que hacía cada uno. Eso sí, decidimos que mejor quedáramos para dar un paseo por el Pinar de Antequera un día.

Lo de los pastelillos nos había dejado sin presupuesto y con indigestión.

UNA HISTORIA CONTADA POR DOS AMIGOS DISTINTOS.

Unos días, más tarde, quedamos para pasear por el pinar de Antequera, a las afueras de Valladolid. Habíamos decidido que el primero en proponer su naturaleza y explicarse fuera Beato., y el hombre, que andaba a vueltas con el tema, preparó una buena historia.

Nos comentó que aquella historia le había sucedido a un amigo suyo muy querido, y comenzó a hablar. El susurro del viento del pinar en el atardecer nos golpeaba el rostro. El día había sido más caluroso que templado, y se agradecía que menguara la calor en aquella hora feliz de amistad y plática.

Su historia decía así:

Hace unos años hubo un accidente de tren que mató a muchísimas personas. Sin embargo, una de ellas salvó la vida gracias a que se encontraba en los WC en el momento del accidente.

Unos minutos antes de ir al servicio, un hombre desconocido que se sentaba detrás de él, le dijo que esperara unos minutos, pues iban a entrar en un túnel, y que era mejor que fuera al servicio tras superar el túnel, pues a veces, las luces se apagaban en ellos.

Nuestro superviviente hizo caso. Esperó, y después del túnel, se levantó para ir al servicio. Cuando estaba a punto de salir del WC, descarriló el tren.

Fue un accidente muy conocido, y la tragedia se convirtió en la noticia más comentada en nuestro país.

El caso es que murieron todos los viajeros de su vagón, excepto él. Se había salvado gracias al consejo que le había dado aquel hombre desconocido, si hubiera acudido a los servicios unos minutos antes, habría muerto con seguridad.

Sin embargo, lo más extraño es que cuando quiso averiguar quién había sido el viajero que le había salvado la vida, se encontró con que aquel hombre desconocido no figuraba como pasajero en el tren. Aquel hombre nunca subió al tren y nunca encontraron su cadáver.

Aquello le impresionó. Trató durante mucho tiempo de hallar una respuesta. Trató de recordar los rasgos de aquel hombre, pero sólo guardaba en su memoria el tono de su voz y la frase pronunciada y dirigida a él.

Mientras lo contaba, pensé que este suceso se podía vivir —e interpretar— de manera muy diferente, incluso casi opuesta. Los hechos, que son siempre los mismos, parecen incluso distintos según quién nos lo cuente.

El personaje de Beato había entendido que lo que había vivido era, ni más ni menos, que un milagro. Una auténtica experiencia religiosa.

En su búsqueda de la verdad, había ratificado su pensamiento y lo habría interpretado para que le encajaran las piezas que poseía.

En su interpretación, el señor extraño del tren había sido un ángel del cielo que lo había salvado. No era una interpretación descabellada.

—Es verdad que no es absurdo pensar así, no se puede decir que no sea en parte lógico y natural —explicó Logisto—. Sin embargo, tengo que discrepar en algo, o al menos, hacer una pregunta. ¿No pudo ser todo fruto de su imaginación?

—Tampoco sería absurdo que su amigo, mi querido Beato, se lo haya inventado. No con mala fe, me explico. En ocasiones, nuestra mente, puede engañarnos —intervino Sciencio.

—Ya. Pero no había una explicación para que el misterioso pasajero no apareciera ni vivo ni muerto —indicó Teófilo.

—Tampoco sería imposible explicar por qué desapareció nuestro "ángel" —dijo Logisto —pudo haber sido cualquier circunstancia fortuita. De hecho, hubo cuatro cadáveres más, que quedaron diseminados en múltiples fragmentos por los alrededores.

Nos quedamos en silencio, para sonreírnos de nuevo los cinco a la vez.

—Estamos otra vez elucubrando desde nosotros mismos.

Aquel nuevo apunte era interesante. No nos era fácil analizar la historia de Beato sin caer en la racionalización, sin buscar una explicación lógica al suceso. ¿Acaso no éramos capaces de aceptar lo que nos decía Beato desde lo que explicaba Beato?

Intenté empatizar con aquel superviviente, con el personaje de su historia.

Era natural y lógico que hubiera ratificado su interpretación tras comprobar la inexistente identidad de su salvador. Si aquel hombre no figuraba como pasajero. ¿Qué podía pensar de él?

No era ridículo pensar en un ser mágico, de otro mundo, o en un ángel guardián. Además, que no recordara su rostro, también aseguraba la interpretación de Beato y su protagonista.

¿Por qué tenía Logisto y Sciencio que poner en duda la interpretación?¿Acaso eran no-Beato?

El superviviente, según explicó Beato, había completado su razonamiento desde su experiencia vital anterior. Había pensado, por ejemplo, que aquel ángel lo había enviado Dios para salvarlo. Aunque también nos dijo que la Virgen María lo había protegido de una muerte segura por encomendarse a ella antes de partir de viaje.

—¿*Quizás Dios le haya dado una misión especial para que cuente el milagro a la gente? Suele suceder en algunas apariciones marianas* —dijo Teófilo.

—*Podría ser. Lo cierto es que unas semanas más tarde, mi amigo vivió una experiencia que confirmó su salvación milagrosa. Soñó una noche con su ángel de la guarda, que lo abrazaba.*

—*Esa sería como la guinda de un pastel. Sin embargo, eso no prueba nada, quiero decir, que estoy seguro de que nuestro enemigo "no-beato" dudaría mucho de eso* —comentó Logisto.

Intervine por primera vez.

—*Beato. ¿Podrías contarnos la historia desde tu interpretación? Narrarlo otra vez, pero con la interpretación incorporada. ¿Serías capaz? Me gustaría escuchar como suena.*

—¿*Cómo puedo hacer eso?* —dijo Beato.

—*Es fácil* —le interrumpió Teófilo, que trataba de escuchar y apoyar a Beato—. *Basta con narrarlo como si fuera una historia bíblica. Donde Dios sea un personaje más. Nos lo has contado a nosotros, y lo ha hecho de una manera un tanto neutra. Tendrías que hacerlo incorporando a Dios con naturalidad.*

—*Lo intentaré, pero si no os importa, os lo pongo por escrito.*

—*De acuerdo.*

LA HISTORIA RETOCADA DE BEATO.

Volvimos a dar nuestro paseo vespertino dos días más tarde.
Beato, tras darle vueltas al tema. Había escrito su relato en primera persona, y nos lo leyó.

—Me ha quedado bien, creo. Os lo leo.
Hicimos silencio y escuchamos muy atentamente.

Un día, que viajaba en el tren por negocios, un ángel del Señor, San Rafael, se me apareció sin que yo lo reconociera. Me sugirió que no entrara en el WC hasta tal kilómetro. Yo obedecí, sin saber por qué. Lo cierto es que mientras estaba en el WC se produjo un accidente que mató a todos los viajeros del vagón y que salvó mi vida. Cuando salí, el ángel había desaparecido, pero sentí en mi corazón la fuerza de su amor y de su protección.

Nos quedamos en silencio.
—Ha quedado estupendo, pero ¿por qué San Rafael? —preguntó Logisto.
—Es el arcángel de la salud de Dios. Si hubiera recibido un mensaje, el arcángel sería San Gabriel; y si fuera una lucha con el diablo, habría sido San Miguel el ayudante de Dios —dijo Teófilo.
—Es verdad. Pero he puesto a San Rafael, porque le tengo mucha devoción personal.
Aquello era muy aleccionador, y nos decía mucho de la manera de entender y conocer la realidad y la vida de Beato.

La historia le había quedado bien, y daba otra sensación. Era una historia, un relato como otro cualquiera.
Lo interesante es que incorporaba una parte de verdad, los hechos históricos; pero también añadía una interpretación salvífica de lo vivido y experimentado en primera persona por el protagonista.
Parecía una historia más creíble. ¿O lo era menos?
Creo que para el que creyera en los ángeles de Dios, este relato alimentaría su fe. Sin embargo, pensé que para otras personas, para no-Beato, sería una historia excesiva, un mito sin pies ni cabeza.

—Yo creo que la historia de Beato se puede poner en cuestión y se puede razonar al mismo tiempo —afirmó Teófilo, que hablaba de aquel tema igual que si analizara un relato bíblico.
—Estoy de acuerdo —dijo Logisto que estaba dispuesto a escuchar a Teófilo.
—¿Se puede dudar de los hechos? Si la historia es verídica, los hechos no son discutibles. Eso no es absurdo. El problema está en la interpretación de los hechos —dijo Teófilo.
Aquello no terminaba de convencerme.

—¿No os parece absurda la historia? —pregunté para ver lo que pensaban los demás.

—No. No lo creo —dijo Sciencio—. A todo el mundo en la vida le suceden cosas que son difíciles de explicar, pero que suceden de verdad.

—La historia no es absurda —ratificó Logisto—. Son hechos raros, pero no son imposibles.

—Nuestro amigo no-Beato no los juzgaría como absurdos. No podría. En los hechos no hay todavía una creencia —dijo Sciencio, que era bueno analizando—. Por eso, no son imposibles.

—De acuerdo. Acepto lo que decís —dije cediendo para que continuaran—. Supongo que forma parte de la vida, que haya situaciones misteriosas para las que no tenemos una explicación fácil.

—El hecho es extraordinario —continuó Teófilo— pero la interpretación que da su protagonista, tampoco es una manera estúpida o alocada de pensar. La historia forma parte de una experiencia vital de alguien que sobrevivió.

—¿Pero es racional la explicación que da? —pregunté.

—Es tan racional como irracional —dijo Logisto—. Lo explica desde la emoción y el acontecimiento, pero no es irracional pensar que uno de los viajeros de la historia fue un ángel y que lo salvó. ¿Por qué no va a suceder? No es imposible. Lo que sí pienso es que es una explicación que no se puede probar. ¿Me equivoco, Sciencio?

—Correcto. No se puede probar, ni su verdad ni su falsedad. No podemos hacer un experimento para comprobarlo. Es simplemente, una explicación de las muchas que puede haber.

—Quizás el problema está en que la explicación no es la más sencilla de todas las posibles explicaciones que podamos dar —dije de nuevo.

—Podría ser.

—Me temo que está historia, tal como la ha contado Beato, sólo puede admitir dos explicaciones —dijo Logisto.

Nos quedamos mirándole. Le brillaba la mirada, lo cual significaba que había pensado en algo nuevo, brillante y sutil a un tiempo.

—O ha sido Dios, o ha sido la casualidad.

Tras un silencio elocuente, hablé.

—Es verdad. Tienes toda la razón. ¡Bravo, Logisto!

—Por eso la interpretación que da no es irracional, ni ridícula. Al contrario, creo que en nuestras vida cotidiana, solemos interpretar lo que nos sucede así.

—También podría interpretarse desde Dios y desde la causalidad a la vez —dijo Teófilo—. En esa interpretación, el hombre se salva de casualidad, y Dios no interviene, no está presente o no quiere intervenir.

—Pero entonces habría que incorporar un nuevo "daimón". Quiero decir. La historia quedaría de la siguiente manera: el viajero sería un daimón que salva a ese hombre de la muerte para retar a Dios que no quiere intervenir. ¿Qué tal os suena?

—Es casi lo mismo que los relatos antiguos griegos. Los dioses enfrentados… —dijo Teófilo —. Además, en este supuesto, vuelve a dejarse fuera la casualidad. No entra.

—Salvo que la casualidad lo haga todo, y a Dios le dé igual —afirmó Sciencio.

—Claro, pero entonces, en ese supuesto, no necesitamos a Dios en la historia. Es lo que hicieron los Deístas en el siglo XVII y XVIII. No necesitamos a Dios para explicar la realidad. Es la segunda postura. Me reafirmo —dijo Logisto—. O lo interpretamos desde Dios, o lo hacemos desde la casualidad.

Habíamos llegado a una buena conclusión, sin embargo, todavía me quedaba una pregunta más, algo que me gustaría que explicaran con detenimiento.

—Una cuestión más, ¿cómo hubiera actuado no-Beato?

LA HISTORIA DE NO-BEATO.

Logisto se comprometió a escribir la historia de no-Beato. Tenía que pensar en cómo razonaría y interpretaría la realidad en su antítesis. Creo que no le fue fácil.

Nos comunicó, unos días más tarde, que tenía la redacción perfecta, y que deseaba leérnosla. También nos dijo que, si no era inconveniente, quedáramos a merendar de nuevo en la cafetería de la plaza de la Universidad, porque tenía que hacer unas gestiones por allí cerca. Además, me confesó que le apetecía atiborrarse con unos cuantos pastelitos de crema. Eran deliciosos, me dijo.

Llegó el día del encuentro, y una vez más, pedimos los respectivos cafés y los pastelillos de crema deseados por Logisto. Incorporamos a nuestra merienda, por sugerencia de Beato, Teófilo y Sciencio, un trozo de empanada —para que no faltara algo salado— y varias tapas de ensaladilla, amén de varios pinchos.

Pensé que mis amigos no almorzaban lo suficiente a mediodía. ¿Con quién vivirán estos pájaros para que tuvieran tanta hambre?

—Para una persona escéptica de lo religioso, el relato debe hablar de una extraordinaria casualidad. De una gran suerte.
—Bien, adelante.
—No-Beato debería también agradecer su vida a aquel hombre, que desapareció en el suceso. Básicamente, creo que trataría de interpretarlo sin la carga "milagrosa" del relato, y lo sustituiría por la casualidad o la suerte. Creo que el relato quedaría de la siguiente forma.
Y tras tragar otro pastelillo con su sorbo respectivo de descafeinado con leche, nos leyó su escrito.

Voy a contar una historia que me sucedió hace años. Un día, que viajaba en tren, sufrí un accidente, y descarriló el convoy. Murió mucha gente.
En mi vagón, fallecieron todos los pasajeros, excepto un servidor. Y tengo que añadir que salvé mi vida, gracias a un viajero que casualmente me sugirió que fuera al servicio tras pasar un túnel, pues era frecuente que se fuera la luz en el vagón.
Le obedecí, y cuando estaba en los servicios, se produjo el accidente. El vagón quedó destrozado, pero las paredes del compartimiento del WC me protegieron y salvaron mi vida. Gracias a aquel consejo, estoy vivo y puedo contar esta historia.
Yo sé que fue el azar y la casualidad, y que nadie hizo nada por mi, excepto aquel hombre que simplemente me dio un consejo fortuito. Para mi desgracia, no pude agradecérselo, ni siquiera a su familia, pues no encontraron su cadáver, ni sus restos.
Cuando terminó nos miró en silencio. Estábamos todos pensativos.

—Podía haber tenido otros matices —dijo Teófilo —. Es evidente que no puede hacerse una narración perfectamente objetiva de los hechos. Es imposible.

—¿Por ejemplo? ¿A qué hechos te refieres? —preguntó Sciencio.

—Logisto ha excluído cualquier referencia mágica o religiosa. Esto es perfecto para que represente a no-Beato. Pero podría ser diferente, por ejemplo, podía haber contado que el hombre misterioso llegó a última hora. O añadir que viajaba de incógnito, que no tenía papeles, o que era un espía. Y que por eso no encontraron su cadáver.

—Es verdad que podía haberlo hecho. Pero he intentado ser lo más escueto posible.

—yo creo que lo has conseguido —dije—. Cualquier argumento que desmonte lo religioso puede ser más o menos válido.

—No-Beato ratificaría la historia —concluyó Logisto—. Supondría que aquel hombre conocía la existencia del túnel, lo que probaría que conoce el camino porque lo había recorrido muchas veces, y además confirmaría que no le dio tiempo a inscribirse en el tren. Que no tenía familia. Dicho de otra manera, construiría su interpretación, de la misma manera que lo hizo Beato.

—Lo que sí que pienso es que la interpretación de Beato y de no-Beato no es fácil de obtener. Los dos han necesitado tiempo y esfuerzo mental para interpretar y escribir con cierta precisión la historia —dijo Teófilo.

—Así ha sido. Y os recuerdo, que tanta racionalidad y subjetividad tiene la historia que nos contó Beato, como la que he escrito yo —concluyó Logisto.

—Ha estado muy bien —dijo Sciencio—. Ha sido clarificador.

—¿Algo más por hoy? —preguntó Logisto.

—Yo creo que no. Tengo que pensar en esto. El próximo día, ¿podría ser otro el que nos contara en qué consiste su actividad? —pregunté.

—Bueno. Piensa todo lo que necesites, pero no olvides el viejo refrán, "oveja que bala, bocado que pierde"— y alargó la mano para seguir disfrutando de nuestra bien surtida mesa.

INTERPRETAR LA VIDA.

Estuve pensando en la historia de Beato durante varios días, y en lo que nos había contado Logisto, por boca de no-Beato.

Era fascinante que las personas interpretaran la vida y la realidad de manera tan distinta. Aquello era opuesto, pero las dos interpretaciones eran lógicas y adecuadas.

Fue el domingo, cuando cocinaba un delicioso pastel de manzana, cuando vislumbré algo nuevo sobre el tema.

Yo tenía dudas sobre si había que extender mermelada de melocotón por encima, o no. Estaba dando vueltas, y pregunté en casa.

Nadie me supo ayudar. Unos decían que mejor que sí, y otros que no. Que era cuestión de gustos. Dudábamos porque teníamos gustos y experiencias distintas, subjetividades diferentes.

Dudábamos.

¿Estaba ahí el secreto de Beato y de no-Beato?

Las dos interpretaciones eran lógicas y adecuadas, pero las dos vivían rodeadas de permanentes dudas.

A Beato siempre le quedaba una duda, la duda de fe.

Pero a no-Beato le sucedía lo mismo. La duda de la no-fe.

Es probable que no-Beato, al pensar en el suceso, tuviera una sensación extraña, provocada por la dificultad de responder a una pregunta decisiva para su vida: ¿por qué he salvado yo mi vida y no otro viajero?

También era muy lógico, incluso habitual, dudar de la interpretación dada.

Creer en la azar y en la casualidad podía llegar a ser tan difícil como creer en Dios, incluso más. No-Beato podía llegar a dudar tanto como Beato con su interpretación.

Quizás si hubiera una diferencia entre Beato y no-Beato.

La vida siempre esconde misterios que son difíciles de interpretar. Interpretar un misterio, deshaciendo el misterio es más difícil que interpretar un misterio desde el mismo misterio.

Me explico. Un creyente puede convivir con el misterio en su vida. No necesita explicar todas las circunstancias de su vida. El misterio no le es demasiado molesto. Al contrario, le puede dar sentido a la vida.

En cambio un no-creyente necesita, con más ardor según su interés, que no haya nada misterioso en el mundo, que todo tenga una explicación lógica.

Por eso, no es raro que ante un suceso de esa magnitud, una persona pueda perder la fe, y otra la pueda adquirir.

Ante un accidente, una herida al borde de la muerte en la guerra, o una situación límite... una persona puede convertirse a la fe y hacerse más religiosa.

En ese caso, reinterpretará casi todos los acontecimientos pasados de su vida desde la nueva y singular experiencia religiosa. Es lo que le sucedió, por ejemplo a varios santos como San Francisco de Asís, San Ignacio de Loyola y algunos otros.

Pensé en varios casos reales que me contaron hacía años. Eran tres personas concretas, muy reales.

El primer caso tenía por protagonista a una persona de mediana edad. Tenía unos cuarenta años cuando la conocí. Era un hombre joven que estuvo a punto de morir en la mesa de operaciones, y me contó su experiencia del túnel de luz, y de cómo regresó. Desde aquello se sintió especialmente cercano a Dios. Me habló incluso de que había visto a la Virgen María y que era una mujer llena de sabiduría. Le habían empujado para que volviera, y él se vio en la mesa de operaciones como fuera de su cuerpo.

Me lo contó de manera muy confidencial, pues no quería que la gente hablara de él ni de aquel suceso.

El segundo caso implicaba a un chaval joven, de unos veinte años. Me contó que cuando tenía dieciséis años, sufrió un accidente de moto. Viajaba con su novia, pero él fue el que se llevó la peor parte, pues estuvo a punto de morir. No recordaba nada, pero durante la convalecencia en el hospital y el reposo, llegó a la conclusión de que lo había salvado de una muerte segura la Virgen del Carmen, pues llevaba una medalla que le había regalado su abuela con esa advocación.

El chico no quedó nunca bien del todo, y tuvo que aprender a vivir con unas secuelas que no se las deseo a nadie.

El tercer caso era similar al anterior, pero sin las graves secuelas. Fue un accidente de coche, y aparecía también el túnel de luz, y la intervención de Dios en la salvación. Cuando despertó, afirmó que el amor de Dios le había salvado. Directamente. El amor de Dios.

Luego llevó una vida, más o menos, normal.

Lo interpretaron en los tres supuestos como una intervención divina. Incluso alguno se avergonzaba, y extrañaba, de tener fe.

No era raro adquirir la fe tras una circunstancia extrema.

En el otro polo pensé en la pérdida de fe. Gente también conocida y habitual, con la que había compartido años de primera juventud.

Ante una enfermedad prolongada, la realidad de la guerra y del mal, los malos ejemplos de la gente creyente... Todo aquello había conducido a algunos amigos míos, antes creyentes, a perder la fe.

Dejaron de interpretar la realidad desde la perspectiva religiosa. Y tampoco me resultó raro.

Así había sucedido también tras la Segunda Guerra Mundial. Con la barbarie de los campos de exterminio nazis, muchos judíos supervivientes se habían dirigido a Dios Yahvé para reprocharle su silencio. ¿Dónde has estado? ¿Por qué no dices nada?

Sin duda, tenía que ser duro para un creyente no percibir a Dios cuando se le necesitaba.

Sin embargo, no deja de ser paradójico, que unos, ante la misma experiencia en la vida, reafirmen su voluntad creyente; mientras que otros, por el contrario, consoliden sus reproches contra Dios.

¿Qué hacía Dios ante el mal? Esa era una pregunta imprescindible para los no creyentes. Quizás tanto como el agradecimiento a Dios por parte de los creyentes.

Desde la experiencia en Auschwitz, no-Beato concluiría que Dios no existe.

Pero esa conclusión tampoco sería fácil de alcanzar.

El que pierde la fe, también tienen que construir y reinterpretar su vida desde la ausencia de Dios.

El proceso psicológico era similar. Uno reinterpreta toda la vida, y el otro también, aunque sea con axiomas y presupuestos distintos.

Por ejemplo, si no-Beato conoció a un cura que abusó, pensará que todos los curas son unos ladrones y unos degenerados. Pensará que le han mentido o engañado. En el caso de Beato sería parecido pero al revés. Miraría toda su vida como un milagro y una intervención providente de Dios.

Lo cierto es que unos y otros, justificamos lo que pensamos. Y lo hacemos interpretando los hechos que nos han sucedido en la vida.

¿Era imprescindible actuar así? Creo que sí.

Es imprescindible para tener cierta salud mental.

Necesitamos reinterpretar habitualmente nuestra vida para vivir más felices.

Pensar la vida, había dicho Ortega y Gasset, aquel filósofo tan amigo de Logisto.

LA RELIGIÓN EN LA CULTURA Y LA SOCIEDAD.

Unas semanas más tarde, le tocó el turno a Teófilo.

Teófilo nos sugirió que acudiéramos a un mesón que había junto a su casa para que cenáramos. Le gustaba aquel bar del barrio las Delicias de Valladolid, donde servían una excelente tortilla de patatas, buen vino y carne a la brasa. Nos íbamos a poner ciegos, pensé. Ciegos a comer.

El local estaba decorado al estilo castellano, con su batería de jamones ahorcados y su ristra de ajos anunciando buena mesa. Manteles de papel y un dueño atento y complaciente con los clientes. Entramos con sigilo, y en cuanto nos vio, saludó a Teófilo con familiaridad. Era evidente que nuestro amigo jugaba en casa, y nosotros éramos el equipo visitante.

Tras sentarnos, y servir varias jarras de buen vino —jarras que ni pedimos ni necesitamos que nos presentaran— pedimos la comanda: tortilla, lomo de la olla, ensaladilla, boquerones en vinagre, queso, ibéricos, croquetas y unas chuletillas de lechazo que se salían de una tabla decorada con lechuga y patatas con alioli, ajoaceite de toda la vida. Por supuesto, la elegancia la traíamos nosotros.

Teófilo, aquel día se nos abrió. Se mostró como lo buena persona que era. En muchos aspectos se parecía a Logisto. Era muy amigo de Beato, y estaba a su favor bastante a menudo. Sin embargo, también se le oponía cuando había que hacerlo.

Recuerdo que cuando Beato incluyó en su historia al arcángel Rafael, Teófilo lo criticó abiertamente. Era un exceso incluir a "alguien" que no había sido invocado, y excluir a Santa María, a la que se había encomendado. Cosas de teólogo, pensé entonces. Lo dijo con buen talante, pero no se calló.

Estaba claro que su función era depurar y clarificar la fe de Beato. Pero había muchas cosas más que no me esperaba que hiciera, y que durante varios días nos mostró.

—No es lo mismo la religión que la filosofía, y tampoco es lo mismo religión y teología –dijo Teófilo intentando marcar su terreno.

—¿Y a qué se dedica la teología? —preguntó Sciencio interesado—. ¿Es una ciencia o no es una ciencia?

Teófilo se sintió apreciado de que le escucharan, y nos explicó su trabajo.

—La teología es un discurso elaborado y racional, que sigue las mismas premisas científicas que los demás. Es tan ciencia como pueden serlo cualquiera de los estudios de humanidades, la historia o la filología. De hecho, decía Santo Tomás de Aquino, el sabio del siglo XIII, que era la ciencia de las ciencias.

—Así es y así lo dijo. Santo Tomás es llamado también el Aquinate —corroboró Logisto—. La teología es pariente cercano de nosotros, de la filosofía. En ese sentido forma parte de los estudios que cualquier persona puede encontrar en una Universidad que imparta Teología. Pero no es exactamente filosofía.

—*Eso es. Es una saber reglado, universitario y ordenado. Estudia un campo específico, relacionado con la actividad de Beato. Por eso la Teología es una ciencia, la ciencia teológica* —dijo Teófilo después de explicar con precisión técnica su actividad.

—*Entiendo. Entonces* —intervine para intentar aclarar todo aquello— *la religión es otra cosa. ¿No es así?*

Logisto intentó ahondar el tema, pues él conocía bien en qué consistía el fenómeno religioso. No obstante, una rama de la Filosofía se dedicaba a la Fenomenología de las Religiones, y conocía bien qué era la religión y en qué consistía.

—*La religión es un hecho cultural y social* —dijo Logisto—. *Es un fenómeno cultural que se da en todas las sociedades, y que tiene como punto de partida la experiencia religiosa de las personas que viven en esa cultura. En este sentido, no existen religiones sin cultura; ni cultura, sin religión.*

—*Eso tiene que ser verdad* —dijo Beato—, *porque yo no conozco ninguna cultura en la que no haya alguien con algún tipo de experiencia religiosa. La religión se lleva por dentro.*

—*Desde la teología sabemos que nadie inventa una religión* —dijo Teófilo corroborando lo dicho por su amigo Beato.

Detuvimos la conversación, pues el trajeron los embutidos, el queso y las croquetas. Nadie se atrevía a empezar, y la plática estaba empezando a entretenernos más que la comida.

—*Al ser un hecho cultural, no tiene un único creador. Es como un idioma, o una mentalidad. Nadie lo crea ni lo inventa. Es algo social y comunitario. Eso nos lo dice la antropología. Decir que alguien inventa las religiones para sacar dinero, es una tontería que dijo una vez no-Beato, y que muchos superficiales repiten como loros. Pero no es así* —dijo Logisto volviendo a la carga con su afán crítico y ácido tan característico.

—*La religión no funciona igual que las ideas políticas. La religión experimenta a Dios, y la teología quiere explicar esa experiencia* —dijo Teófilo, mientras todos asentían—. *Lo nuestro es otra cosa.*

—*¡Qué, empezamos?* —dijo Logisto intentando que la conversación no enfriara las croquetas.

59

Empezamos a picotear, y se hizo el silencio. Un silencio muy elocuente.

Aquel diálogo estaba siendo muy interesante. Las religiones habían sido definidas como hechos culturales ordinarios. Estaban en nuestra naturaleza, y eran lo natural en nuestra especie. Procedían de la colectividad en su experiencia religiosa individual y colectiva. Lo cual me hizo pensar en el trato que recibían en la sociedad occidental, especialmente en Europa.

¿Qué problema había con la religión en Europa?

Si la religión es definida como un hecho cultural, entonces tiene que ser comprendida y tratada como un hecho público e intrínseco a la cultura de origen.

Es decir, es algo público, y no puede ser relegado al ámbito de lo privado e individual, pues eso supondría atacar la propia esencia de esa cultura, y de la religión.

Me di cuenta de que siempre había sido así. Una cultura, una religión propia. El antiguo Egipto tenía su religión y sus dioses egipcios, sus relatos y sus rituales. Los griegos lo mismo. No sería igual el Islam sin la religión musulmana. Eran casi lo mismo.

¿Por qué con el cristianismo no sucedía igual?

Decidí que la conversación fuera por esos derroteros, y se lo expliqué a mis amigos, que lo entendieron perfectamente.

Por supuesto, dimos buena cuenta de la comida, y casi, cuando traían los descafeinados de turno, abordamos el asunto de la religión, su naturaleza y carácter.

—*Mis dudas son varias. Si la religión es un hecho cultural, es porque es originada por la sociedad, que es algo público. ¿Por qué entonces se relega, incluso se persigue en Occidente?* —pregunté.

—*En algunos países, como por ejemplo, en Francia, la eliminación de la religión del ámbito público siempre ha generado una tensión sobre lo religioso* —dijo Sciencio.

—Y eso es algo peligroso —apuró Logisto—. Es verdad que Francia se enorgullece de su laicidad, es decir, presume de apartar la religión de la esfera de lo público. Sin embargo, yo creo que esa actitud puede ser una trampa. Está claro que no entienden el fenómeno islámico, pero es que tampoco comprenden qué es el cristianismo.

—Pregunto porque no lo sé. ¿Qué religión tiene la cultura francesa? ¿No son la mayoría cristianos? —intervine.

—Sí, sí lo son. Lo siguen siendo. El 56% de los franceses se declaraba católico hoy. Sin embargo, en los años 80 del pasado siglo, se decían católicos el 82% —dijo Sciencio que manejaba bien los datos.

—Entonces... Francia está perdiendo su religión, y sus raíces históricas —afirmé.

—Lo llamativo es que aumentan ligeramente el número de los musulmanes, y sobre todo, se incrementa mucho el número de las personas que se declaran ateas. Francia ha pasado de tener un 15% de no creyentes, a tener ahora, un 30% —dijo Sciencio.

— No son contradictorios esos datos— comentó Logisto—. Si la religión es algo invisible para la sociedad, es también lógico que disminuya el número de personas que se declaraban religiosas. Lo que no podemos asegurar es que no haya en esos datos otras circunstancias sociales de otro tipo

—¿A qué te refieres, Logisto?

—A la pérdida de autoridad en la cultura en general. La religión es percibida como algo tradicional, y eso hace que sea reconocida como autoridad. Y la autoridad está más en crisis que en otras épocas.

—Podría ser.

—¿Y eso? ¿Eso ha sucedido también fuera de Europa, más allá de Francia y del entorno Europeo? ¿Las religiones están en crisis en todo el mundo? —pregunté.

Se hizo un silencio reflexivo que rompió Logisto, que al fin y al cabo era experto en la materia y conocedor de la antropología social y cultural.

—*Claramente, no* —*afirmó Logisto*—. *La religión no está en crisis en el mundo. Está en crisis en Occidente, porque es Occidente mismo el que está en crisis. Digo yo que si la religión está en crisis en el mundo, es porque la influencia Occidental es fuerte.*

—*Yo analizaría por países y culturas* —*dijo Sciencio*—. *Por ejemplo, ¿está el cristianismo en crisis en el continente americano? Bastante menos que en Europa. El índice de ateos no crece demasiado, y es que la religión es vista como algo público, y no como algo vergonzoso como en Europa.*

—*En Estados Unidos rezan por el presidente en los colegios, y la religión es algo público* —*dije con premura.*

—*¿Y el Islam? ¿Alguien cree que está en crisis el Islam?* —*preguntó Teófilo con un tono retórico muy simpático.*

—*Claro que no*—*dije.*

—*Es conocido que una parte del Islam se está radicalizando al contacto con Occidente. Esa sería una reacción adversa. Pero hay otra parte del Islam que es más condescendiente con su influencia. La convivencia de los musulmanes en Europa no es siempre problemática* —*explicó Logisto.*

—*Eso es verdad, pero no creo que crezcan los ateos entre sus fieles* —*sentenció Sciencio.*

Interrumpió Beato con un comentario que nos hizo pensar.

—*Quizás el problema esté en que no se mide lo suficiente el grado de adhesión a una religión. Quiero decir... quiero decir que en todas las sociedades hay gente más religiosa, fervorosa o piadosa. O como queráis llamarlo. Y gente que es menos piadosa, más agnóstica. ¿No está sucediendo eso mismo en Occidente y en otras religiones.*

—*Podría ser. Desde luego es un dato que no podemos dejar a un lado. No todo el mundo vive la religión, ni la experimenta con la misma intensidad* —*dijo Teófilo.*

—*¿Hablamos del hinduismo? ¿El budismo? ¿El sintoísmo?* —*propuse sabiendo que la realidad europea no era la misma que fuera de nuestro continente.*

—*No parece que disminuya la fe en estos países* —*dijo Sciencio muy tranquilo.*

—¿Y en el judaísmo? —pregunté.

—En el judaísmo encontramos los mismos problemas de adhesión y ateísmo que en el cristianismo y en occidente —dijo Teófilo.

—Pero eso sucede en Europa o en Estados Unidos. En Israel, hay judíos muy radicalizados con su religión —dijo Logisto.

—Allí lo reafirman de manera pública, y es una cuestión de supervivencia. Está claro que es más fácil ser judío en Israel que serlo en NY, aunque supongo que todo será posible —explicó Sciencio.

—Está claro que lo que sucede en Francia, y en parte de Europa, es algo muy extraño —dije de nuevo, quería volver a la reflexión inicial.

—Pues sí. Los musulmanes tienen fácil ser musulmanes en sus países de origen, y sucede lo mismo con los hinduístas, los budistas o los sintoístas. Pero es paradójico que un cristiano católico francés no pueda manifestar su religión en la cultura francesa, donde lleva habiendo cristianos desde hace casi 2000 años —dijo Teófilo.

—Sí es extraño, y más sabiendo que es la religión mayoritaria —reafirmó Sciencio.

—Incluso en lo más alejado de nuestro mundo, en cualquier tribu remota del planeta, uno puede encontrar a gente como Beato, con su religión concreta. Tienen pocos, o ningún problema, para manifestarse socialmente como creyentes —dijo Teófilo apuntando a nuestro amigo.

—Por cierto, creo que tienen que cerrar —dijo Beato.

—Sí. Pagamos a escote, ¿no? —dijo Teófilo.

La noche no terminó mal. Aunque discutimos si teníamos que pagar a partes iguales, o si debía invitarnos Teófilo.

Logisto había entendido que nos invitaba Teófilo. Y vista la cara de sorpresa del teólogo, me adelanté para invitarlos a todos a una cena opípara. Aquello me estaba costando un dinero, por lo que propuse poner un fondo común.

Nadie se opuso, y pusimos un fondo para pagar aquella cena y las posteriores. Logisto tomó la determinación de que aquel mesón de jamones curados fuera nuestra sede intelectual para los próximos encuentros.

—¿Y de qué hablamos la próxima vez? —dijo Beato, dándose cuenta de que aquello se estaba convirtiendo en una excusa para comer.

—Tengo varias cuestiones todavía sobre la religión —dije—. ¿Qué tienen en común? ¿Qué hacen y qué no hacen? En fin, creo que podríais entre Logisto y Teófilo aclararme las dudas.

—Con mucho gusto. ¿Nos vemos el próximo sábado? Creo que es la semana de las rabas y la sepia a la plancha —dijo Teófilo.

UNA RELIGIÓN POSEE CREENCIAS.

Logisto se puso campanudo en cuanto tomó la palabra. Me di cuenta de inmediato. También Teófilo intentó explicarnos en qué consistía una religión. Al fin y al cabo, formaba parte de su especialidad conocer en qué consistía el hecho religioso.

—Las religiones poseen creencias, aunque una religión no es un conjunto de ideas. En segundo lugar —siguió explicando Teófilo—, las religiones poseen normas morales y de comportamiento, aunque una religión no sea exclusivamente una ética.
—¿Algo más? —preguntó irónico Logisto.
—*Sí. Finalmente, también tengo que afirmar que todas las religiones realizan ritos y utilizan símbolos, aunque una religión no es un conjunto de rituales.*
—Ya entiendo —contesté—. Creencias, moral y ritos.

—*Exactamente* —*dijo Teófilo.*
—*Por eso una religión, y cualquier persona religiosa debería comportarse así. Un creyente es alguien que cree, que actúa y que celebra unos ritos conforme a esa religión* —*dijo Logisto dándose importancia*—. *Algo que, por desgracia, no es tan habitual. Me refiero a que mucha gente dice creer y no celebra nunca su fe; y lo que es peor, dice amar a Dios, y luego tienen comportamientos incoherentes que desdicen mucho de su fe. ¿No es así, Beato?*
—*Todo eso es cierto. Supongo que no siempre es fácil vivir la fe desde una coherencia absoluta* —*respondió Beato*—. *Somos limitados.*
—*Y contingentes, sobre todo contingentes* —*replicó Logisto.*
—*Lo primero sería hablar de las creencias. Las religiones tienen creencias. Y eso parece ser el sostén de los creyentes. ¿Qué me podéis decir de este asunto? ¿Las religiones poseen creencias?* —*pregunté.*
Se hizo un silencio tenso provocado por el desfile de rabas, calamares, cazón, sepia a la plancha y demás exquisiteces. Acababa de llegar el camarero, y mis amigos se lanzaron a comer, no sin antes acordar que siguiéramos hablando de aquello mientras engullíamos las abundantes raciones. Lo intentaríamos, al menos.

—*Yo creo en "alguien", y ese alguien es Dios* —*explicó Beato, que se sintió aludido*—. *No tengo fe en una creencia, en unas fórmulas o en los curas. Dios es "alguien", es un ser transcendente. No es "algo". Si me preguntáis si tengo creencias, diré que sí. Claro que sí, pero no tengo fe en las creencias, sino que tengo fe en Dios. No sé si me explico.*
—*Yo te entiendo perfectamente* —*aclaró Teófilo*—. *Una religión no está construida por ideas. Los creyentes no creen en ideas sobre Dios, sino que creen en Dios mismo.*
—*Es un buen punto de partida. Dios es "alguien" con quien os relacionáis* —*afirmé.*
—*Eso hace que una religión sea algo muy diferente a una ideología, o a una convicción política o social. La gente sí cree en ideas, tiene sus principios y sus convicciones políticas o*

intelectuales —dijo Logisto—; pero, como dice Beato, es obvio que los creyentes creen en Dios, no en las ideas que se construyen alrededor de Dios.

Beato y Logisto habían dado con la pista que aclaraba el camino.

No es lo mismo creer en Dios y experimentarlo, que formular y construir un conjunto de ideas alrededor de Dios.

Un cristiano, por ejemplo, experimenta a Dios Padre, Hijo y Espíritu Santo; y vive su existencia siguiendo a Jesús de Nazaret, que es el Hijo de Dios, y por tanto Dios mismo. Eso es una creencia, porque el creyente lo experimenta y lo vive.

Cualquier creencia se explica mediante ideas, es decir, con conceptos abstractos; pero esos conceptos no son la religión. Los cristianos no creen en unas ideas, sino que creen en Jesucristo.

Dicho de otra forma, no es lo mismo experimentar a Jesús y seguirlo, que afirmar que es el Hijo de Dios o que resucitó de entre los muertos.

—De acuerdo con lo dicho —interrumpí—. Pero no podemos olvidar que Beato, además de experimentar, también posee un Credo, una dogma. De ahí vienen mis dudas al respecto. ¿De dónde salen esas palabras del dogma? ¿Quién las ha inventado? ¿Ha sido Beato?

—Ese es mi trabajo —dijo Teófilo.

—¿Las has hecho tú? —pregunté interesado.

—El dogma es redactado desde la experiencia de fe de la Iglesia —contestó Teófilo—. Y eso lo hicimos los teólogos en el pasado, desde la experiencia de los cristianos de entonces. Usamos un lenguaje conceptual, y no narrativo. Un lenguaje explicativo que lo definiera.

—De alguna forma, nuestro querido Teófilo hizo filosofía —dijo Logisto.

—¿Filosofía cristiana? —pregunté.

—Bueno, esa filosofía cristiana podríamos llamarla Teología. No obstante, hay algo más, que no me has dejado comentar —dijo Teófilo abrumado por el interés que despertaba todo aquello a su alrededor—. La religión no son esas palabras convertidas en conceptos o ideas. Quiero decir que la religión es una experiencia, una relación con lo divino que transforma a la persona en profundidad. En eso tiene la razón, Beato. Pero tampoco hay que despreciar el dogma. Es verdad que primero se vive la fe y se experimenta a Dios; y luego se puede explicitar la fe con palabras, que casi siempre son insuficientes y torpes. El dogma también es necesario.

—Comprendo.

—Voy a intentar poner un ejemplo —dijo Logisto, que aprovechó el descanso de Teófilo para meter baza—. Una persona puede ser de derechas o de izquierdas, puede tener convicciones muy claras sobre los impuestos, puede discutir y analizar por qué piensa que es mejor reducir o aumentar el gasto público. Puede hablar de si conviene una guerra, o es mejor la paz; de si algunas leyes son mejores que otras. Tiene una ideología que ha ido conformando con el tiempo y en contraste con la sociedad. Sin embargo, esas ideas no le afectan personalmente. Puede cambiar de ideas sin que cambie sustancialmente su vida o sus principios.

—Efectivamente —dije—. ¿Adónde quieres ir a parar?

—Si cree que la justicia es importante, le dará igual que lo defienda uno de derechas o uno de izquierdas, si coincide con sus principios. Pues bien, la religión no es así.

—Bueno, es que las ideas políticas no se experimentan, simplemente se tienen —comenté—. Se razonan y se justifican. Se pueden alimentar, o poner en cuestión. Se pueden olvidar o cambiarlas tras una discusión razonada. Un día, una persona, puede creer que es mejor bajar impuestos; y al día siguiente opinar que es mejor subirlos un poco. Nada cambia en su vida. ¿No?

Se quedó en silencio Logisto.

Me había llevado a dónde quería y había dado con una clave interesante. La fe y las convicciones ideológicas no funcionaban igual.

Beato intervino de inmediato. Eso permitió a Teófilo desentenderse por unos segundos de la conversación y pinchar lo que quedaba de sepia a la plancha, que prácticamente, se la habían zampado entre Sciencio y Logisto.

—Es verdad. Eso que le sucede a cualquier otro, que cambia de ideas fácilmente, no me sucede a mi con la fe —dijo Beato—. A mi las creencias sí me afectan personalmente. La fe no es algo anecdótico, ni es una opinión. Es algo más profundo y permanente.

—Así es —dijo Teófilo con la boca llena—. Un cristiano no cree que Dios sea amor, y al día siguiente opina que no lo es. Ningún creyente es tan voluble.

—Nadie puede afirmar que Jesús resucitó, para jurar al día siguiente que resucitó un poquito, o que quizás no resucitó —comentó Beato más excitado.

—Eso es. Una creencia es algo más estable, porque es una experiencia relacional, y las experiencias no son discutibles.

Me llamó la atención aquella afirmación: una experiencia no es discutible.

—Se tiene o no se tiene. Son como los sentimientos. No se pueden discutir, aunque sean equivocados —dijo Logisto.

—Pero entonces… ¿una religión es como un sentimiento? —*pregunté volviéndome a mis amigos que miraban las rabas de reojo.*

—La experiencia religiosa es algo más que un sentimiento. Puede llegar a ser arrebatador, transformador y absoluto para el que lo experimenta. ¿No es así, Beato? —*preguntó Teófilo intentando darle la palabra para capturar el cazón adobado.*

—Así es. A veces son como sentimientos. Pero creo que es algo más que un estado de ánimo o que un sentimiento. En ocasiones es algo que me resulta imposible de explicar.

—Chicos, chicos. ¿Qué os parece si nos dedicamos a comer y luego seguimos hablando? —*y me volví al dueño para pedirle una jarra más de vino, y otra de cerveza con gaseosa.*

Sería imposible seguir hablando con el corazón dividido.

UNA RELIGIÓN POSEE NORMAS ÉTICAS Y MORALES.

Terminada la cena, dimos cuartel a los descafeinados y a las bebidas espirituosas. Era lo preceptivo, y lo que nos apetecía. Entramos en otra harina, la que tenía que ver con la ética y la moral. Estábamos más que llenos y satisfechos de la cena, y nos apetecía platicar a gusto y con sosiego.

—*Mis queridos amigos* —empecé hablando— *aunque todas las religiones incorporen una serie de normas éticas y morales, que son necesarias e imprescindibles para los creyentes, una religión no es una ética. ¿Me equivoco?*
—*No te equivocas. Lo que has dicho es correcto* —afirmó Teófilo—. *Las normas morales en los creyentes tienen como punto de partida la experiencia religiosa que hayan vivido. Sin esa experiencia, la ética queda como desarraigada. Algo parecido*

sucede con las ideas, que surgen de las creencias. Una religión no es un conjunto de verdades a las que adherirse, es una experiencia.
—*Bien dicho* —*dijo Beato.*
—*En esto hay que matizar mucho. No sé si la fe queda desarraigada, pero lo cierto es que es muy difícil justificar el comportamiento ético y la dignidad de las personas, sin recurrir a un "otro" divino* —*dijo Logisto*—. *Como anunció Dostoevski, "si Dios ha muerto, todo está permitido". Quizás necesite la humanidad un principio natural para el comportamiento ético.*
—*Natural... o sobrenatural* —*matizó Teófilo.*
—*Sin embargo, en nuestra sociedad* —*argumenté para que siguiéramos profundizando*—*que es católica en su origen y en su base, los valores cristianos siguen latentes y vivos. Todo el mundo asume en nuestra sociedad que hay que ayudar al prójimo, que hay que hacer el bien, y que hay que paliar el sufrimiento de la gente. Mi pregunta es la siguiente: ¿se pueden defender los valores cristianos sin el cristianismo?*
—*Sí. Creo que sí* —*corroboró Teófilo*—. *No hay que olvidar que la experiencia religiosa del pueblo judío les llevó al Decálogo: amarás a Dios, no te harás imagen de Él, santificarás el Sábado, no matarás, no robarás, no dirás falso testimonio en juicio, no codiciarás la mujer de tu prójimo, no serás adúltero, etc. Es casi la primera declaración de Derechos Humanos expresada en negativo: derecho a la vida, derecho a la propiedad, derecho a un juicio justo, derecho a la experiencia religiosa.*
—*Está bien eso que dices. Es intuitivo y muy interesante* —*dije.*
—*¿Esos son los diez mandamientos?* —*preguntó Sciencio algo despistado, mientras apuraba su brebaje de hierbas con la mirada algo perdida.*
—*Sí, claro. Es el Decálogo. Expresa la relación de los judíos con Dios. De hecho, la cultura semita entendía que esas normas se las había dado Dios para que no fueran como los demás pueblos, que eran salvajes y vivían como animales* —*explicó Teófilo.*
—*¿Cómo salvajes? ¿No es un poco exagerado?* —*repuse.*
—*Después de Auschwitz, todo es poco* —*dijo Logisto.*

—Los pueblos cananeos practicaban sacrificios humanos a sus dioses, entre los que incluían a niños. Esa fue una práctica que Yahvé nunca aceptó. Dios no quería que fueran como los demás pueblos, por eso les dio la Ley de Moisés. Así es como lo leemos en la Biblia, y así es como lo creemos los cristianos y los judíos — explicó Teófilo.

—De acuerdo, pero no habéis respondido a mi pregunta — dije.

— No creo que nos equivoquemos si afirmamos que un religión no es una ética. Y además, hay que añadir que todas las religiones contienen una ética —dijo Teófilo.

—Eso lo he dicho yo antes —contesté.

—El asunto es que en Occidente, la ética cristiana se ha ido secularizando. La mayoría de nuestras leyes políticas y jurídicas tienen un trasfondo cristiano. El pago de pensiones, la ayuda a los más vulnerables... todo eso es cristianismo encubierto —afirmó Logisto —. Nietzsche, un filósofo del siglo XIX, comprendió que todo eso era cristianismo. Incluso dijo que el marxismo era un cristianismo disimulado.

La sobremesa nocturna había empezado con buen pie. Apenas había planteado el tema, cuando mis amigos habían entrado de lleno en el asunto. Estábamos reflexionando con bastante acierto y constancia. Era interesante, y no quería que se nos escapara el debate.

—No obstante, eso no quita para que un "no creyente" tenga un comportamiento ejemplar. Lo mismo le sucedería a Beato —dijo Logisto—. Nuestro amigo puede tener un comportamiento ejemplar, o un comportamiento deleznable. Tener fe no le hace más bueno. Y no tenerla tampoco.

—Eso es cierto —dijo Beato—. Sin embargo, yo creo que cuanto más intensamente viva la experiencia religiosa, con más fuerza y coherencia me comportaré. Está en mi experiencia hacer el bien. Si no lo hago, cometería un pecado.

—¡Qué buen chico! —dijo Sciencio, que empezaba a hacernos notar los efectos del alcohol en su cuerpo.

—Quizás no sea así —replicó Logisto, que andaba con un vaso que olía a manzana amarga.

—Conozco el caso de un misionero —dijo Beato—. Lo voy a contar. Es un creyente que siempre ha deseado vivir con intensidad su experiencia religiosa. Eso le ha llevado a ofrecer su vida y a comportarse de una manera más radical y entregada.

—Es un buen ejemplo, pero eso no confirma la regla del comportamiento que has defendido —dije.

—¿Cuál?

—La del creyente bueno, y ateo malo. O al revés, creyente malo, ateo bueno —dije.

—El cristianismo —trató de explicar Teófilo que era, a esas alturas, más amigo del Pacharán que del café—. Digo que el cristianismo ha construido su ética conforme a la experiencia con Dios. Es obvio que Amar a Dios, que es Padre, conlleva un compromiso social con los demás hombres, que son tus hermanos.

—Vale, de acuerdo, pero también es cierta la frase que dice "si pierdes la cartera con dinero dentro, que no la encuentre un profesor de ética, porque la perderás definitivamente" —dijo Sciencio.

Nos reímos con la ocurrencia. También era gracioso ver el estado desinhibido de Sciencio.

Lo que había dicho ocultaba una verdad muy habitual: las personas pueden justificar sus actos de las maneras más extrañas e irracionales, y el profesor de ética era un buen ejemplo.

—El problema ético del cristianismo es que es una ética de máximos —explicó Logisto—. Ellos piensan que siempre se puede amar más, hacer más el bien, o vivir más entregado a los demás. Es una ética que busca la perfección. ¿Me equivoco, Teófilo?

—No. Es eso cierto, Pero esa búsqueda de la perfección se hace dentro de la limitación humana. El cristiano, al ser consciente de su fragilidad, vive aceptando su imperfección y su pecado. Así vive Beato —y lo miramos que estaba escanciando el rojizo licor de cerezas—. Beato intensifica su relación con Dios, que le salva del *pecado y del mal, pero no es capaz de vencer el mal por sus solas fuerzas.*

—Eso es. ¡Bien dicho! Hay que amar todo lo que se pueda, pero hay que aceptar humildemente que somos lo que somos —dijo Beato mientras se servía otra copita.

En este asunto se atascó la conversación, que recibió un buen número de matices por parte de todos. Incluso Sciencio estuvo elegante con sus ponderaciones.

Lo que saqué en claro es que las normas morales de los cristianos, y supongo que las de todos los creyentes en su religión, pueden llegar a ser normas sociales y jurídicas de toda la comunidad.

Por ejemplo, no comer cerdo en el mundo judío. ¿Era una norma ética o un uso social? ¿No era, más bien, una norma religiosa y con el tiempo un uso social? Lo cierto es que todas las normas, éticas o religiosas, habían partido de la experiencia religiosa y sobre ella se cimentaban. Aunque uno no fuera muy piadoso, ni estuviera demasiado convencido de la religión de su pueblo, las normas éticas y religiosas estaban fuertemente arraigadas en la cultura originaria.

La noche continuó en la calle. El dueño nos cobró, nos reímos un poco, y nos fuimos a casa, no sin antes continuar con nuestro acalorado debate, comentario y parloteo. Todo sucedió en la puerta del establecimiento que cerró sus puertas y echó la verja.

Nosotros seguíamos, creo que con un tono de voz elevado, excesivo para los vecinos que trataban de dormir por allí. Espero que nos hayan perdonado, pues les dimos una buena serenata de voces.

—Las personas que afirman amar a Dios y al prójimo, y luego no practican el amor al prójimo concreto y real, nos resultan hipócritas e incoherentes —dijo Teófilo, terminando su perorata con brillo.

—Bueno. Eso está en la Biblia. Eso lo denunciaron los profetas hebreos en la antigüedad, y nos lo recuerda Jesús de

Nazaret en los evangelios. No es algo nuevo —dijo Beato concluyendo.
—*Pero no tiene por qué ser así* —dijo Logisto quitando la palabra a todos—. *La ética también se fundamenta en la filosofía.*
—*Eso es nuevo. ¿La ética se fundamenta en la filosofía?* —pregunté.
—*Puede hacerlo ferpectamente. Kant, sin ir más lejos, dijo que el hombre debía hacer lo que le era dado, lo obligatorio, el mandato o imperativo categórico y universal. Todos los hombres están obligados a tratar a los demás, y a uno mismo, como un fin en si mismo, y no como un medio. Los hombres tienen dignidad; y todo lo demás, tiene precio* —dijo Logisto con el verbo más atascado que el tono.
—*Yo prefiero tener precio* —dijo Teófilo un tanto afectado, y con ganas de hacer un chiste ininteligible.
—*El hombre tiende a justificar su comportamiento* —dijo Sciencio que echó mano de su saber científico—. *Es una necesidad psicológica. Si no vives como piensas, terminarás pensando de otra manera. Si uno hace el mal repetidamente, terminará pensando que no está haciendo el mal.*
—*Es lógico eso que dices* —le dije.
—*El pecado, que es mal moral para el creyente, aleja a los hombres de Dios* —dijo Beato.
—*Y de la experiencia religiosa* —completó Teófilo, que se atascó con el final de la palabra "experiencia".
No pudimos seguir.
Una voz nos interrumpió desde un balcón. Era un hombre empijamado y con cara de pocos amigos.
—*¡Experiencia os voy a dar a vosotros cuatro! ¡A dormir, coño! ¡Qué hay gente que madruga!*

Lo dicho, una religión no es una ética, pero todas contienen una ética.

UNA RELIGIÓN POSEE SUS RITOS, QUE REALIZA Y ACTUALIZA.

    Aquella cena supuso un punto y aparte a nuestros encuentros. Las rabas, los calamares y la sepia nos sentaron mal a unos cuantos de nosotros, y el mal cuerpo se prolongó lo suficiente como para que perdiéramos las ganas de volver a quedar para dar rienda suelta a nuestros apetitos.

    De ahí que Logisto nos propuso que regresáramos a la plaza de la Universidad, sede de los cafés y los bollos rellenos de crema y nata.

    A estas alturas, dado que nos gustaba quedar y parlar a gusto, nadie se opuso. Lo que cada uno tomara era asunto personal de cada uno.

—*Algo que diferencia a Beato de no-Beato, es que Beato realizaba unos rituales que no-Beato no ejecuta jamás* —dijo Teófilo.
—*¿Te refieres a la liturgia? ¿Ese va a ser el tema?* —preguntó Sciencio.
—*Sí* —contesté.
—*Beato realiza unos rituales simbólicos vinculados a lo trascendente, que forman parte de lo que llamamos "liturgia"* —explicó Teófilo—. *Y de nuevo hay que volver al origen de todo. Una religión no es un conjunto de ritos, pero todas las religiones realizan prácticas rituales.*

Tenía ganas de entender aquello. Supuse que la experiencia religiosa conducía a una serie de prácticas rituales. Pero no comprendía para qué las hacían. Lo pregunté y me llegó la respuesta de inmediato.

—*Celebramos la fe para actualizar en nuestra vida presente la experiencia religiosa de una manera personal y comunitaria*— afirmó Beato—. *Cuando los cristianos celebramos la Navidad, celebramos que Dios nació en Belén, y que su encarnación se produjo entonces y para siempre. Lo actualizamos.*
—*Para los cristianos, Jesús es hombre, el Hijo de la Santisima Trinidad. Es el hijo Unigénito, es Dios mismo, pero también es un hombre como tú y como yo. Eso celebran los cristianos. No celebran que Dios nace cada año, sino que ha nacido de una vez para siempre* — explicó Teófilo, *que como siempre, era más agudo explicando la fe de Beato, que el mismo Beato.*
—*¿Y la Semana Santa?* —inquirió Sciencio.
—*Es lo mismo. Cuando los católicos celebran la Pasión, celebran que Jesús sigue muriendo y resucitando hoy, y actualizan esa pascua, que significa "paso", en la Eucaristía, que es la Misa de los Domingos.*

El ritual, los gestos simbólicos y las palabras rituales, actualizaban el misterio y permitían que el creyente, en este caso Beato, siguiera experimentando lo divino. Por eso era tan importante para Beato celebrar los sacramentos, acudir a Misa, y demás. Ahora lo entendía mejor.

—*Todas las religiones practican rituales, y construyen una liturgia específica dentro de su cultura, donde los misterios de la fe se conjugan con los gestos y palabras rituales* —dijo Teófilo—. *Así es como funciona.*
—*Pero mucha gente va a misa y no tiene ninguna fe. Lo hace por costumbre.*
—*Tristemente, la liturgia y los rituales que se realizan sin fe, son como una pantomima, como una obra de teatro o un espectáculo. Para nosotros serían como una blasfemia* —dijo Beato poniéndose muy serio.

El tema podía dar mucho de sí. El camarero, que ya nos conocía, nos atendió con apenas una pregunta. ¿Lo de siempre? Asentimos, y el hombre trajo lo que solíamos pedir. Café, chocolate, bollería y algún que otro churrito para merendar. Aquel día estuvo más surtido que de costumbre, y es que debía ser el cumpleaños de su jefe, por lo que había invitado a todos los clientes, incluidos nosotros.
Logisto estaba de muy buen humor.

—*Me parece que esto que hemos empezado a hablar sobre los rituales, es más complejo de lo que aparenta. Yo vengo con una buena batería de preguntas* —dije mirando a Logisto para que intentar captar mi emoción ante el tema.
Me dí cuenta que aquello no era un tema que dominara. En cambio, Sciencio, que solía estar más callado, pareció más

interesado que otras veces. De hecho, fue él el que rompió el hielo cuando nos sentamos.

—Nuestra sociedad está necesitada de rituales, es una necesidad antropológica. Por eso, no-Beato también necesita y ejecuta rituales, aunque los celebre sin experiencia religiosa.

—Me pierdo. No lo entiendo. ¿Podrías poner un ejemplo? —pregunté.

—Sí, claro. Por ejemplo, los rituales de inauguración de unas Olimpiadas. Son un espectáculo. Intentan apelar a algo que llaman el "espíritu olímpico", que no se sabe lo que es, pero que tiene una impronta ética, de juego limpio, y de fraternidad universal. Esos rituales actualizan la experiencia olímpica.

—Ya veo, pero son como rituales laicos —dije.

—Celebrar un cumpleaños sería otro ritual laico —dijo Logisto.

Era interesante aquello. El hombre necesita el ritual, los símbolos y la repetición de determinados gestos. El hombre necesita celebrar su propia vida, y lo que le sucede en la vida. Y si es creyente, también necesita celebrar la fe que experimenta.

—La liturgia y los rituales, puede ser más o menos entretenidos, pero sin la experiencia religiosa fundante, se convierten en algo incomprensible para los demás —continuó Logisto.

—Es cierto. No tendría sentido celebra el cumpleaños de alguien que no ha nacido —dijo Teófilo con gracia.

Nos reímos. Además, tenía razón.

—Pero, tenéis que convenir conmigo, que muchos rituales son incomprensibles para la mayoría de la gente. Por ejemplo, si visito el Japón, y contemplo la ceremonia del té, me lo tendrán que explicar —dije.

—Es obvio, que desde fuera de una cultura, muchos rituales son extraños —dijo Sciencio.

—Tampoco desde dentro de una cultura se entienden los rituales que poseen.

En buena lógica, una persona no religiosa, necesitará una explicación que le permita entender lo que está haciendo un cura que celebra un sacramento. Si voy al Japón, me tendrán que explicar el rito del té en Japón. Es lógico y necesario que se explique el ritual, porque en caso contrario, no entenderíamos por qué comen, echan agua sobre la cabeza, ponen las manos, o lo que sea. Recordé que hay ritos que consisten en dan vueltas alrededor de una roca, alumbrarse con cirios, etc. Me di cuenta que habían cientos, incluso miles de gestos simbólicos que se podían hacer.

—Una pregunta más. ¿Conocen bien los signos y rituales los creyentes de cada religión? Porque es evidente que alguien se los tiene que explicar, aunque sólo sea, la primera vez.
—Por supuesto. Incluso Beato tiene que aprender que significan los rituales cristianos. Es la iniciación en las prácticas rituales, litúrgicas, y en el caso de la Iglesia, sacramentos y sacramentales —explicó Teófilo y asintió Beato.

Entendí lo que significaba para ellos. Los sacramentos, por ejemplo, se realizan desde la fe; y sin fe, no tenían ningún sentido.
Por eso, los bautizos por lo civil, o las comuniones por lo civil, eran ridículas. Ellos no lo afirmaban, porque no querían desairar a nadie, pero era obvio que nuestra sociedad necesitaba unos rituales de iniciación, de paso de la juventud a la vida adulta, de matrimonio y de muerte.
El hombre necesita celebrar su vida, así lo había dicho Sciencio y Teófilo al principio de la tarde.
Pensé en el matrimonio. ¿Tenía algún sentido el matrimonio por lo civil? ¿Acaso no eran rituales? Lo pregunté, y la respuesta me llegó de Teófilo.

—Sí. Claro que tiene sentido —dijo el teólogo—. Aunque los esposos no se casen por la Iglesia, el ritual civil sí expresa el vínculo de los esposos, independientemente de la fe que pueda haber entre ellos, sí son expresiones que tienen sentido, son rituales necesarios para la sociedad. Igual que los cumpleaños, u otras fiestas civiles nacionales.

Aquella noche llegué a varias conclusiones que ahora me gustaría exponer.

La primera es que las ideologías que surgían de las creencias religiosas podían tener sentido sin la fe. Vale.

La segunda que las éticas que manaban de la experiencia de Dios, podían tener sentido y ser buenas, incluso sin la fe. También bien.

Pero la tercera conclusión a la que llegué es que los rituales religiosos, que surgen de la experiencia religiosa, no tenían ningún sentido sin la fe. En el mejor de los casos serían un buen espectáculo artístico y bello. Aunque serían, a todas luces, incomprensible sin una explicación.

La cuarta conclusión...

Bueno, la cuarta conclusión es que le tocaba el turno a Teófilo. Era el representante de la ciencia teológica, y reconozco que me habían impresionado sus respuestas por serme desconocidas. Pensé que el próximo día le plantearía unas cuantas cuestiones a él sólo. Me apetecía hablar en exclusiva de teología con él.

UN SUPERAMIGO LLAMADO TEÓLOGO.

     Estuve dando vueltas y vueltas al asunto de la teología. ¿Sólo se encargaba de interpretar la experiencia religiosa de Beato o había algo más? Me pareció que podría ser interesante quedar sólo y exclusivamente con ellos, pero deseché la idea, pues tampoco quería hacer un feo a Sciencio y a Logisto.

     Tenía que preparar bien las preguntas, pero para eso, era obligatorio conocerlos un poco mejor. Había varias preguntas que me asaltaban, cuyas dudas me corroían las entrañas.

     ¿Era Teófilo creyente, al igual que lo era Beato? ¿Se podría decir que Teófilo era la suma de Beato y Logisto?

     A veces me había dado la impresión de que cuando una persona religiosa razona la fe, y eso es lo que Logisto hacía con todo, entonces terminaba elucubrando al estilo de un teólogo como Teófilo.

¿Era así? ¿Era Teófilo un Beato que actuaba como Logisto? Algo había sugerido Logisto un día.

Lo mejor sería quedar con todos, incluido Logisto, que al fin y al cabo, siempre aportaba un punto de vista crítico y especulativo único y original.

Busqué un sitio distinto: el lugar primigéneo del campo. Quería dar una vuelta y charlar mientras paseábamos. La tarde estaba agradable, y aunque teníamos que abrigarnos, no nos importó.

—Mi primera pregunta es más personal. Necesito datos y me falta saber más de vosotros dos —dije señalando a Teófilo y a Beato—. Beato, mi querido amigo, ¿quién es Teófilo para ti? ¿Qué ha supuesto su presencia en tu vida?

Logisto se quedó sorprendido por la pregunta, pero no dijo nada. Se limitó a escuchar muy atento. Sciencio levantó las cejas con cierto disgusto. Sin embargo, lo que más me llamó la atención fue que el primero que habló fue Teófilo, que trataba de justificarse.

—Beato no está sólo en el mundo. Hay muchísima gente creyente que ha experimentado la fe. Entre ellos, yo mismo.

—Mi pregunta era para Beato —insistí.

Beato carraspeó. Estaba cansado de tantas preguntas sobre su experiencia religiosa. En este caso, tenía que hablar de Teófilo, y no tanto de él mismo.

—Teófilo es un amigo especialmente cercano. Yo creo que también experimenta la fe, pero además, es que se dedica a reflexionar sobre la fe. ¿No es así? —dijo Beato buscando el asentimiento de su amigo.

—Así es.

—Entonces deduzco dos cosas. La primera, que un teólogo siempre tiene que ser un creyente; y la segunda, que sois muy distintos y planteáis la experiencia religiosa de manera opuesta. Pregunto... Teófilo, amigo, ¿eres una mezcla entre Beato y Logisto?

Aquello hizo reír a todos. Pero ni Logisto ni Teófilo me refutaron.

—Yo creo que sí —dijo Sciencio jocoso.

—*A la primera pregunta, tengo que decir* —dijo Teófilo— *que no es imprescindible que un teólogo sea creyente, pero es lógico que entenderá mejor el fenómeno y la experiencia religiosa si comparte alguna vivencia espiritual en su vida como lo hace Beato. De hecho, en la historia, casi todos los teólogos que ha habido han sido gente creyente y religiosa: monjes, sacerdotes, obispos...*

—*¿Y la segunda pregunta? ¿Sois tan distintos? ¿Opuestos?*

—*Opuestos, no. Pero yo creo que si somos diferentes* —dijo Beato—. *Es verdad que quedamos a menudo para intercambiar ideas y opiniones. En ese sentido somos amigos y nos necesitamos, pero no es fácil entendernos. Por ejemplo, yo le insisto a Teófilo para que rece más y experimente más su fe.*

—*Yo en cambio, le suelo pedir que comprenda su fe, que razone el misterio en el que cree* —dijo Teófilo.

—*¿Y te hace caso?*

—*No, no es eso. El problema que tenemos es que usamos lenguajes distintos. Beato habla con narraciones, con lírica y poesía; yo, por el contrario, uso un lenguaje conceptual, más filosófico y explicativo* —contestó Teófilo.

—*Luego, sí se puede decir, que un teólogo es una mezcla entre Beato y Logisto* —insistí de nuevo.

—*En parte sí* —dijo Teófilo aceptando lo que le decía.

—*En la historia, cuando los cristianos empezaron a hacer teología, en los siglos II y III después de Cristo, usaron un lenguaje bastante filosófico. Usaban palabras muy platónicas, estoicas y demás. Yo diría que sí, que teólogo es un filósofo que se ha especializado en los asuntos de Dios* —comentó Logisto con parsimonia, como oyéndose a si mismo.

—*En ese sentido es un científico como yo* —dijo Sciencio—. *Sólo que su ciencia es la teológica, la que se ocupa de los asuntos de Dios.*

—*Así es, también podría ser una de las ramas de Sciencio, una mezcla entre Sciencio y Beato* —dijo Logisto.

Eran unas respuestas muy clarificadoras. La teología y la experiencia religiosa compartían la fe.

Me llamó la atención lo del lenguaje, y traté de indagar más en ello.

EL LENGUAJE POÉTICO Y EL LENGUAJE CONCEPTUAL.

La religión no usaba un idioma religioso específico. Empleaba el lenguaje ordinario que hablaba y usaba todo el mundo. De hecho, una persona no creyente, un no-Beato podría perfectamente leer y saber lo que decía Beato. Era una ventaja cultural para nuestra especie, desde luego.
Las religiones aportan una semántica propia, pero no pueden ofrecer un lenguaje distinto al lenguaje corriente y moliente. Puede llegar a incorporar palabras "religiosas" —eucaristía, evangelio, sacrificio, oblación, etc— pero no puede emplear un idioma específico para hablar de la experiencia religiosa. Es decir, no existe el idioma divino, ni un idioma sagrado. Al menos en el cristianismo.
En ese sentido, Beato y Teófilo hablaban el mismo idioma que Logisto o que Sciencio.

Aquella noche, en casa, tomé un libro que tenía por la estantería. Era de San Juan de la Cruz, uno de los místicos más importantes de la historia de la humanidad, un español del siglo XVI. Aquel hombre había empleado el lenguaje ordinario, el castellano, para hablar de su experiencia mística. Y lo había hecho de una manera muy especial.

San Juan de la Cruz había hablado de la intimidad amorosa mediante un lenguaje poético, analógico o narrativo, que es la mejor forma de expresar su experiencia mística y religiosa.
En el poema "En una noche oscura", San Juan de la Cruz nos contaba el viaje que recorrió el alma hasta encontrarse con Dios.
Aquello era una obra maestra. Se expresaba con mucha sensibilidad. ¿Hubiera podido expresarlo mejor con un lenguaje explicativo o conceptual? Probablemente no. Al día siguiente, cuando volvimos a quedar en el campo, llevé el texto a mis amigos.
Beato nos lo leyó.
Era extraordinario.

En una noche oscura,
con ansias, en amores inflamada,
¡oh dichosa ventura!,
salí sin ser notada
estando ya mi casa sosegada.

A oscuras y segura,
por la secreta escala, disfrazada,
¡oh dichosa ventura!,
a oscuras y en celada,
estando ya mi casa sosegada.

En la noche dichosa,
en secreto, que nadie me veía,
ni yo miraba cosa,
sin otra luz y guía

sino la que en el corazón ardía.

Aquésta me guiaba
más cierto que la luz de mediodía,
adonde me esperaba
quien yo bien me sabía,
en parte donde nadie parecía.

¡Oh noche que guiaste!
¡oh noche amable más que el alborada!
¡oh noche que juntaste
Amado con amada,
amada en el Amado transformada!

En mi pecho florido,
que entero para él solo se guardaba,
allí quedó dormido,
y yo le regalaba,
y el ventalle de cedros aire daba.

El aire de la almena,
cuando yo sus cabellos esparcía,
con su mano serena
en mi cuello hería
y todos mis sentidos suspendía.

Quedéme y olvidéme,
el rostro recliné sobre el Amado,
cesó todo y dejéme,
dejando mi cuidado
entre las azucenas olvidado.

Teófilo estaba emocionado, incluso petrificado; y también nosotros. Esa sabiduría no la poseía Logisto, ni Sciencio. Ellos saben otras cosas, pero de esto, estabábamos todos peces. ¿Era aquella belleza una nueva sabiduría?

—*Quiero compartir con vosotros que escuchando este maravilloso poema de la mística española del siglo XVI, entiendo mejor la experiencia de Dios —dije.*
　—*La experiencia religiosa es absoluta, incontrolable, plenificadora y trascendente —dijo Beato.*
　—*¿Cómo pudo hacerlo? ¿Cómo pudo escribir algo tan bello? —pregunté a mis amigos.*
　—*Yo creo que encontrar un lenguaje con estas características es complicado. Es arte. Y el arte es otra cosa muy distinta a lo que nosotros hacemos —afirmó Logisto.*
　—*La experiencia religiosa tiende a usar la poesía, la lírica o la narración. Es lo que hizo San Juan de la Cruz o Santa Teresa de Jesús, pero también es lo que encontramos en los profetas del Antiguo Testamento, o en los Salmos de la Biblia —explicó Teófilo reponiéndose un poco de la emoción.*
　—*Ya veo. Por eso Beato, o San Juan de la Cruz, o cualquier persona religiosa, tiende a ser especialista en contar historias parecidas a la del accidente del tren. Sabe contar, sabe narrar y cuando lo hace, comprendemos, o mejor dicho, intuimos, la profundidad de su experiencia —dije tratando de resumir de nuevo.*
　—*Así es. Cuando una religión trata de explicar por qué hay que hacer el bien o perdonar, simplemente cuenta una anécdota, una narración o una historia del pasado. La experiencia es más profunda, es más sólida, es más arrebatadora que lo que yo pueda explicar —explicó Teófilo—. Yo, en el fondo, soy mucho más torpe que Beato.*
　—*Y yo que San Juan de la Cruz —dijo Beato.*
　Nos sonreímos por el comentario. Todos éramos pequeños ante aquel literato, maestro de escritores y patrón de todos ellos.
　—*Esto explica por qué los libros religiosos estén llenos de metáforas, poesía, cuentos o proverbios. En definitiva, de*

narraciones —concluyó Logisto—. Lo que no sé, es si tú, amigo Teófilo, podrías escribir así.

—Por supuesto que no —dijo riéndose, y se encogió de hombros en un gesto muy simpático —. Si hago teología, no uso un lenguaje narrativo. Mi lenguaje es conceptual, como el tuyo, Logistillo. Otra cosa sería que me pusiera a escribir mi experiencia de Dios. Ahí tendría que escribir poesía —explicó.

El término "Logistillo" me hizo mucha gracia, porque era verdad. A menudo, Logisto se pasaba de listo, y se las daba de listillo. Sin embargo, era un buen compañero de tertulia, y aportaba mucha información relevante.

—Recuerdo al filósofo cristiano Agustín de Hipona —indicó Logisto citando a uno de los filósofos cristianos que él conocía—. Cuando en el siglo IV d. C. quiso contar su experiencia religiosa, nos contó su vida, en un libro llamado "Las confesiones"; en cambio, cuando quiso justificar y explicar el saqueo de Roma del 410, escribió "La ciudad de Dios". Y empleó un lenguaje conceptual.

—Así es. Agustín, San Agustín para los cristianos, es un ejemplo de persona creyente, teólogo y filósofo. Llegó a ser obispo de Hipona, en el norte de África, y se le considera uno de los más importantes pensadores de todos los tiempos —afirmó Teófilo, que debía ser un experto en aquel pensador.

—No puedo decir lo contrario. Pero sí añadir algo más. No es el único que nos puede representar a varios de nosotros —afirmó Logisto—. En la historia del pensamiento occidental ha habido muchas personas que se han dedicado a la ciencia, a la religión, a la teología y a la filosofía al mismo tiempo. Quizás el más llamativo sea San Alberto Magno, en la Baja Edad Media; pero hubo mucha gente más, como Averroes, un musulmán español nacido en Córdoba.

Tuve que interrumpir para que la conversación no se desviara demasiado.

—Con lo dicho, yo creo que está claro a lo que se dedica Teófilo y la teología a la que representa. Pero tengo todavía una pregunta más.
—Adelante, dispara.
—¿Existe algún tipo de filosofía escrita con lenguaje narrativo? ¿Hay algún Logisto por el mundo que se parezca a Beato?
Logisto se rió por la pregunta.
—Sí, de hecho a veces pueden ser la misma persona. No olvidemos que lo contrario de Beato es no-Beato; y que lo contrario de Filósofo es no-Filósofo. Supongo que sí puede haber filósofos que sean religiosos y místicos.
—Ya, ya. Claro. Pero me refiero a alguien que use un lenguaje narrativo o lírico para hacer filosofía.
—En al antigüedad clásica, esto era más habitual de lo que nos imaginábamos. Casi todos los presocráticos emplearon un lenguaje poético, entre otras cosas, porque consideraban la prosa como algo zafio y vulgar para expresarse. Pitágoras era místico y filósofo, incluso científico y matemático a un tiempo. Platón, por ejemplo, construyó la alegoría de la caverna para explicar su filosofía. No ha sido raro en la historia de la filosofía.
—¿Y hoy? ¿En la filosofía contemporánea?
—Sí, también. En el mundo contemporáneo encontramos a filósofos narrativos, incluso contrarios al cristianismo como Nietzsche en "Así habló Zaratustra", o Sartre o Camus, que fueron autores de teatro. Y es que el arte y la belleza siempre se nos han dado bien a la humanidad.

Me pareció una buena conclusión. El arte y la belleza siempre se nos han dado bien.

LOS OPONENTES QUE NUNCA VINIERON A CENAR.

Tras haber analizado esos días a mis amigos, y haber constatado la naturaleza de Teófilo y de Beato, imaginé lo que podrían dar de sí sus homólogos negadores. En este caso, me refería a no-Logisto, no-Beato o no-Teófilo.

Aquello sirvió para parar aquel despliegue de francachelas y amistades por unos días, pues ciertamente, necesitaba poner en claro las ideas y pensar con detenimiento.

¿Quiénes serían y cómo actuarían los negadores de mis amigos?

Tras varias tardes dando vueltas al asunto, puse por escrito lo que consideré que eran los negadores de mis amigos. Esto fueron los resultados.

NO-BEATO

NO-BEATO era el negador de la experiencia religiosa.
Habitualmente entendemos como negadores de la experiencia religiosa los ATEOS y los AGNÓSTICOS.
Pero no es lo mismo un ateo que un agnóstico.
El ateo es aquella persona que niega la existencia de Dios como verdad. Es como Logisto, pero con una postura definida respecto de Dios; una postura que niega a Dios.
Hay muchos tipos de ateos. Algunos pensadores conciben también la religión como algo negativo; y hay otros que ven la religión como algo bueno para la humanidad, aunque Dios no exista para ellos.
Es una postura filosófica, pero también es una creencia. Es creer que Dios no existe; y es afirmar que no existe.

Un agnóstico es alguien que niega la experiencia religiosa, entre otras cosas, porque nunca recurre a lo divino para explicar la realidad. No necesariamente niega a Dios desde la filosofía; simplemente no necesita a Dios para situarse en el mundo o explicar el mundo.
Un agnóstico actúa e interpreta la realidad de la vida como si Dios no existiera. Tampoco se esfuerza por encontrar argumentos que nieguen la existencia de Dios, no es como Logisto. Es más bien como no-Beato. No experimenta a Dios, aunque no niega que pueda existir, o que pueda ser experimentado por los demás.

El siguiente en el que pensé fue en Teófilo. ¿Quién era su contrario? ¿Quién era no-Teófilo? De nuevo lo puse por escrito.

NO-TEÓFILO.

NO-TEÓFILO sería aquel creyente que niega la capacidad del hombre para razonar la fe. La fe es percibida desde esta perspectiva como algo irracional, como algo que se cree o no se cree, pero que no se debe, o no se puede razonar.

Es la posición denominada por la teología como FIDEÍSMO. Es el creer, aunque sea absurdo o contrario a la razón.

Esta postura ha estado presente en la historia de la Teología hasta nuestros días. Es un escepticismo con aromas teológicos. La fe y las cuestiones de Dios serían irracionales. Al creyente le basta con creer para salvarse, no necesita pensar la fe.

El FIDEÍSMO niega también, de manera indirecta, la filosofía.

Si Teófilo era un Beato que razonaba su fe, y que hacía como Logisto; entonces, no-Teófilo no hace como Logisto. No hace filosofía, y piensa que a través de la razón no se acerca uno a la verdad.

La Iglesia Católica era claramente contraria al Fideísmo. En una de las cartas del Nuevo Testamento, en concreto en la 1Pedro 3, 15 dice que los creyentes deben "dar razón de vuestra esperanza a todo aquel que os pida una explicación".

Más claro, agua. La fe puede ser explicada y se puede dar razón de la esperanza de los cristianos. Lo dice la Sagrada Escritura, y así lo habían defendido San Agustín, Santo Tomás de Aquino y cientos de cristianos teólogos.

Entendí que no-Teófilo era un "fideísta", aunque también asumí que podría haber "no-Teófilos" por comodidad, pereza o vagancia de la comunidad cristiana. Sería fideístas prácticos, ¿para qué razonar la fe, si no es imprescindible para salvarse? Era un postura negacionista de la filosofía.

¿Y no-Logisto? Si existía un no-Teófilo, que era un escéptico; también tenía que haber un no-Logisto que negara la filosofía.

Estudié el tema y llegué a varias conclusiones.

NO-LOGISTO

NO-LOGISTO sería el arquetipo de una posición muy contemporánea. Es el escepticismo teórico, pero también práctico.

El escepticismo teórico había sido una posición filosófica que había habido en la historia de la filosofía. Abarcaba a todos aquellos que negaban que mediante la razón y el pensamiento se llegara a conocer la verdad, o algo de la verdad. Era la postura de los antiguos escépticos, unos filósofos griegos que negaban la filosofía.

Pero también existía el escepticismo práctico.

Era la postura del que no quiere razonar, la del que prefiere sentir, y olvida su capacidad para pensar. Es el "don worry, be happy" contemporáneo. El "no te preocupes, sé feliz".

En este sentido, No-Logisto es más una posición, un postureo o una pose para mostrarse al mundo desde una superioridad del que está de vuelta de todo. Es el que aparenta desprecio a la razón y al discurso argumentado.

Con este análisis, y tras releerlo varias veces, caí en la cuenta de que mucha de la confusión podía venir por mezclar unos personajes con otros.

En cierta ocasión lo habíamos afirmado. Lo había afirmado Logisto. Dijo que se podía ser religioso y científico a la vez, que no eran excluyentes. Que teníamos que levantar los discursos, no desde la exclusión entre nosotros, sino excluyendo a nuestros negadores. Y que así lo comprenderíamos todo mejor.

Era cierto.

Coloqué todas las categorías brevemente de dos en dos y las pensé brevemente:

- **Religioso Beato + Filósofo Logisto**: Es lo más habitual en la historia de la filosofía. El hombre creyente que busca la verdad por innumerables caminos. San Agustín, Kant,

Kierkegaard... El resultado de ambos podía ser **Teófilo**, pero también era un Logisto cristiano.

- **Religioso Beato + Científico Sciencio**: También ha sido lo más frecuente en la historia de la ciencia. Es el científico que cree en Dios. Pascal, Newton, Galileo, Mendel o Einstein. Tampoco es extraña la existencia de un científico cristiano.
- **Religioso Beato + No-Filósofo No-Logisto**: Personas que no quieren razonar su fe. Esta visión implica la aceptación de Dios y la negación del discurso Teológico. Puede ser habitual en círculos religiosos de tipo cerrado. Es el fideísmo de **no-Teófilo**.
- **Religioso Beato + No-Científico No-Sciencio**: Personas que rechazan la ciencia como un mal frente a la fe. Era una visión fanática y cerrada, muy extraña al catolicismo, aunque quizás no fuera tan rara en algunos círculos protestantes contemporáneos. Desde luego, me pareció excepcional en la historia, pues no recordaba a nadie importante qu defendiera esta postura.
- **No-Religioso No-Beato + Filósofo Logisto**: Filósofos no creyentes, o ateos teóricos. Fueron más habituales desde el siglo XIX y XX. Había un buen número de pensadores en esta postura, desde Nietzsche hasta Marx, pasando por Sartre.
- **No-Religioso No-Beato + Científico Sciencio**: Son científicos no creyentes. Algunos científicos llevan muy a gala su ateísmo, otros son más discretos. Me dio la impresión de que no era un fenómeno tan extendido como se creía. En algunos datos que manejé, se decía que en el campo de la física y la astrofísica, la mayoría de los científicos se declaraban creyentes. En cambio, en el cambio de la biología, abundaban más los no creyentes. También era un fenómeno exclusivo del siglo XIX y XX.
- **No-Religioso No-Beato + No-Filósofo No-Logisto**: Estamos ante la negación del conocimiento en cualquiera de sus opciones. No cree en nada, y no razona en nada. Me recordaban a alguna gente que salía en programas de

televisión, que parecían negarlo todo y disfrutaban negándolo todo.

- **No-Religioso No-Beato + No Científico No-Sciencio**: Parecido al anterior. Es el escepticismo que dice que no podemos conocer de ninguna manera. No es posible el conocimiento parcial, pero tampoco el global. Lo único que nos podría quedar es la especulación filosófica, suponiendo que se acepte algún tipo de pensamiento.

En todas las sociedades podemos encontrar personas con diferentes grados de Científico, Filósofo o Religioso. No somos una unidad cerrada, ni poseemos un pensamiento monocorde. Uno puede ser muy religioso, y a la vez usar la ciencia para resolver muchas cuestiones. No se excluyen.

LAS REGLAS DEL JUEGO. LOS AXIOMAS.

Volví a llamar a mis amigos para quedar para cenar, pero se opusieron.
Estaban hartos de aquello, y querían entretenerse echando una partida de cartas. En resumen, deseaban celebrar una timba para disfrutar y jugar a algo que les fuera más entretenido.
No me pude negar, pues deseaba continuar charlando con ellos, y como aquella era la única oportunidad que me brindaban, decidí invitarlos a mi casa para beber whiski y echar una partidita.
El problema fue decidir a qué exactamente querían que jugáramos.
Unos hablaban del poker, otros del mus, el tute o el cinquillo.

Aquello me hizo pensar en algo nuevo, lanzarles un reto que no se esperaran.
¿Podríamos jugar a todos esos juegos a la vez?

Por supuesto, se quedaron anonadados, y tuve que sacar una segunda botella, con su respectiva cubitera de hielos, para sofocar la tertulia.

—Antes de empezar una partida de cartas —o de cualquier otro juego de mesa— tenemos que ponernos de acuerdo en las reglas de juego. No queremos que nadie haga trampas, así que tenemos que hablar y aclararnos. ¿A qué vamos a jugar? No es lo mismo jugar a la brisca que al cinquillo. ¡¿Pero todo a la vez?! — exclamó Sciencio algo molesto por el griterío y el jaleo que montaron para ponerse de acuerdo.

—Esto es real como la vida misma —dijo Beato—. Cada uno con su juego, y cada uno con su discurso.

Nos quedamos callados de sopetón. Aquellas palabras eran una buena reflexión. Me di cuenta de que había conseguido hilar tema con mis amigos. Al menos no sería una tarde infrutuosa.

—Poseemos axiomas diferentes —afirmó Logisto—. Y gustos dispares para el juego, es evidente.

—Bueno —afirmé— en lo que nos ponemos de acuerdo. ¿Podrías, amigo Logisto explicarnos de nuevo qué es un axioma? ¿Cómo lo definirías?

—Un axioma sería un punto de partida, una base a partir de la cual elaboramos los elementos de una reflexión. No son las premisas del discurso, sino la misma existencia del discurso. No es posible hacer historia, por ejemplo, sin seleccionar unos hechos históricos, que luego se interpretarán. Esa selección es un axioma, son las cartas que elegimos, y las reglas del juego también.

—Comprendo: los axiomas son las reglas de juego; pero es también el juego mismo desde el cual desarrollamos un saber.

—Bien. Pues dicho esto… ¿jugamos a algo? —dijo Sciencio que presentía que iba a ser una tarde tan aburrida como su vida cotidiana en el laboratorio donde trabajaba.

—Sería imposible si tenemos axiomas distintos. Tenemos que ponernos de acuerdo. Pero antes me gustaría… —dije intentando que no se me fuera la conversación del punto de interés que ya tenía

—que me contéis ahora mismo cuáles son vuestros axiomas de conocimiento.

—Vale, de acuerdo. Pero rapidito, ¿eh? —insistió Sciencio.

—Yo —dijo Teófilo— tengo tres axiomas. El primero las fuentes de la revelación, que son la Biblia y la Tradición. Estas son exclusivas de la ciencia teológica. Además tengo la lógica y la razón, axioma que comparto con Logisto; y uso también el método llamado histórico crítico para analizar la Biblia. Es un axioma que comparto con Sciencio.

—Me toca —dijo Logisto—. Me mantengo en que no tengo axioma ninguno, y que no utilizo ningún método científico. Ni metodología ni axiomas. Quizás el único que tiene la filosofía sea el buen razonamiento, el lenguaje claro y la reflexión por sí misma. ¡La lógica, vaya!

—Por algo te llamas Logisto —dije.

—¿Y qué pasa cuando analizas textos antiguos de otros filósofos del pasado? —preguntó Sciencio.

—En esos casos no hacemos filosofía, sino historia de la filosofía. No es lo mismo inventar pensamiento, que reconstruir el pensamiento de otra gente del pasado. Podemos usar un método científico en esos casos. Entonces asumiremos y aceptaremos las deducciones científicas. Pero no debéis olvidar que la mirada de la filosofía es más amplia, más al horizonte.

—Por eso tu discurso es más etéreo y más frágil —concluyó Sciencio lanzando la primera pulla de la tarde.

—Otra pregunta para Logisto, que se me está ocurriendo. ¿Funcionan los axiomas de la matemática?

—Sí funcionan, pero son indemostrables. Eso afectó tanto a la filosofía como a nosotros. Gödel, un matemático del siglo XX, demostró que los axiomas de la lógica y de la matemática no podían ser demostrados, y que siempre quedarían incompletos. La lógica es tan indemostrable como la experiencia religiosa. Los axiomas son por definición indemostrables.

—Pero eso que afirmas, ha tenido que afectar a todo el conocimiento científico —repuse.

—*Nosotros tenemos como axioma el método científico —se apresuró a intervenir Sciencio.*
—*Eso es estupendo, mi querido colega. El problema está en definir en qué consiste el método científico. Sólo así podremos medir la veracidad y solidez del discurso —dijo Logisto.*
—*¿No dijimos una vez que la ciencia era buena refutando teorías, pero que era peor demostrando algo? —pregunté.*
—*Eso es. Y si utiliza la matemática, le pasará lo que afirmó Gödel, no podrá demostrar tantas cosas como pretende —analizó Logisto—. Si utiliza los experimentos y los explica en un lenguaje ordinario, su imprecisión se esconderá detrás de su lenguaje ordinario. Ni siquiera el lenguaje matemático es preciso.*

Aquella confesión aclaraba muchas cosas. Sciencio no estaba por encima ni ofrecía un discurso más fiable que Logisto o Teófilo, salvo en lo que relativo a la refutación. Ahí es bueno. Es capaz de decir lo que "no es" con más certeza que cuando afirma lo que "sí es".

Eso me abrió la puerta a pensar con más detenimiento en la ciencia. Era nuestra asignatura pendiente. Además de ponernos de acuerdo en el juego.

—*¿Y Beato? ¿Tiene Beato algún axioma?*
—*Su interpretación de la experiencia religiosa es más o menos libre. No tiene por qué someterse a ninguna regla —explicó Teófilo.*
—*Eso es —dijo Beato.*
—*Bueno, pues... dado que Beato es diferente a los demás, debería ser él el que propusiera un juego de cartas para todos— sugerí.*
Nadie se opuso.
—*Yo jugaría primero al mus, luego al poker, y terminaría en el tute y el cinquillo.*

Todos brindaron por aquella genial idea, y yo, con una nube en la cabeza, les dije que bajaba un momento al supermercado para aprovisionarnos mejor.

Nadie me contestó, pues ya habían empezado. Beato y Teófilo contra Logisto y Sciencio.

—*¿Hay mus?*

EL TRABAJO ESCONDIDO Y SACRIFICADO DEL CIENTÍFICO.

He de confesar que la primera aproximación que tuve del trabajo de Sciencio la recibí casualmente y sin esperarlo. Había salido a reponer el frigorífico, tarea que ejecuto semanalmente, cuando me encontré a Logisto frente al portal del supermercado. Me dijo que había quedado con Sciencio para tomar un café.

—*¿Has quedado con Sciencio en medio de la calle?* —pregunté.
—*No. He quedado en la cafetería* —me contestó señalando el bar que estaba enfrente.
Era el típico bar de tapas, que a primera hora de la mañana sirven desayunos completos a los trabajadores de la zona.

—*Yo voy a comprar, es lo que hago los sábados por la mañana, pero me que espero un minuto y saludo a Sciencio.*
—*Vale. Como quieras.*

No tardó nuestro científico demasiado tiempo, pues solía ser puntual. Me apresuré para saludar, o mejor dicho, para intentar saludar; pues Sciencio tenía uno de esos días en los que anda concentrado en sus cosas sin reparar en nada más.

—*Buenos días, Sciencio.*
—*Buenas días, Logisto.*
—*Buenos días a los dos* —dije.
Nadie me contestó.
—*¿Qué has estado haciendo estos días?* —le preguntó Logisto a Sciencio.
—*He estado estudiando la reproducción de la ranita de San Antonio en un hábitat cálido y con una humedad del 30%*— contestó.
Me sorprendió que hubieran quedado para hablar de ciencias. Yo estaba a mis cosas, pero me quedé un momento para averiguar de qué iba aquello.
—*¿Y para qué haces eso? ¿Qué quieres saber?* —preguntó Logisto.
—*Quiero conocer las condiciones de reproducción extrema de la rana de San Antonio, para compararlas luego con la rana Toro africana, y hacer un cálculo sobre las probabilidades de extinción de las dos especies.*
—*Muy interesante.*
—*¿Y tú en qué andas?* —preguntó Sciencio.
—*¿Yo? Me preguntaba si tiene algún sentido tu vida. Je, je.*
—*¡Qué gracioso eres, Logisto!*
—*¿Por qué no va a tener sentido?* —pregunté interesado.

Entonces, por primera vez, Sciencio reparó en mi con sorpresa. Creo que no me había visto hasta ese momento. Me contestó Logisto.

—Me preguntaba si eso que llamamos vida no es más que materia inerte con capacidad para reproducirse —explicó con ironía.

—Es una buena duda. Hablaré con la ranita para que me diga lo que piensa del tema —dijo Sciencio burlándose.

—Touché... —dije —me parece que me tendréis que explicar de qué va esto.

—¡Oh, no es nada! Ayer por la tarde le dije a Logisto si podía tomarse un café conmigo. Llevo toda la semana trabajando duro, y me apetecía charlar un rato. Le dije que estaba obsesionado con los batracios, y él accedió.

—Bueno, me alegro. El caso es que no os retengo más. Tengo que comprar, es sábado por la mañana...

—Lo que podríamos hacer es quedar esta tarde con Beato y Teófilo —dijo Sciencio—. ¿Os apetece?

—Les aviso y nos vemos esta tarde —les dije.

Aquel encuentro me había sonado a chiste, a anécdota. ¡Qué diferentes eran, y qué parecidos al mismo tiempo! Me di cuenta que era muy importante la relación de la filosofía con la ciencia, y por eso decidí abordarlos esa misma tarde para hablar de la ciencia y poder desentrañar los misterios que escondía Sciencio.

—*A menudo, encontramos científicos que hacen filosofía, y filósofos que pretenden convertir sus afirmaciones en ciencia. No es el caso de nuestro amigo investigador —dijo Logisto muy ufano— que está terriblemente centrado en la ranita de San Antonio, pero podría serlo.*

Sciencio se sonrió. Era más callado que Logisto y se volvía más tímido cuando estaba en grupo. Lo suyo era estudiar e investigar, no hablar y hablar. Además, era difícil quitarle la *palabra a Logisto, que solía tomarla para no soltarla en toda la tarde.*

Habíamos quedado en nuestra habitual cafetería de la plaza de la Universidad, en este caso, no teníamos previsto merendar, ni nada parecido. El café era más que suficiente, y la atmósfera se iba espesando según avanzaba la tarde.

—*Para nosotros, la filosofía tiene una pretensión de generalidad y de universalidad, de carácter crítico, que no tiene la ciencia. En cambio, la ciencia, por definición, acota la realidad para especializar su discurso.*

—*¿Es eso cierto, Sciencio? ¿Tu trabajo consiste en limitar la realidad para estudiarla? —pregunté sabiendo que su respuesta sería afirmativa.*

—*Sí, ciertamente es así. La filosofía tiene una visión universal, mira por encima de las cosas, mientras que nosotros, los científicos, observamos la realidad, la medimos, describimos y tratamos de entender su funcionamiento. Pero para eso, tenemos que acotarla previamente. No podemos hablar de todo al mismo tiempo.*

—*¿Y Logisto sí puede? ¿Si puedes hablar de todo al mismo tiempo.*

Nos reímos, pues sonaba a ironía.

—*Yo sí puedo —dijo Logisto con una amplia sonrisa—. La filosofía puede hacer un discurso sobre la naturaleza en su conjunto. En cambio, Sciencio se centra en una parte de la naturaleza para examinarla con detalle. Y se supone que cada científico examina partes diferentes.*

—*De acuerdo. Eso lo entiendo. Pero eso significará que la ciencia profundiza más que la filosofía, que llega más lejos.*

—*No diría yo tanto —repuso Logisto a la defensiva.*

—*Yo creo que sí que es así —opinó Teófilo.*

—*Nosotros profundizamos en aquello que limitamos previamente. Dirigimos la mirada —explicó Sciencio.*

—*Eso hace que no miréis al resto de la realidad. Es lo que me sucede a mi —afirmó Teófilo.*

—*Nuestro saber también es profundo* —*precisó Logisto*—, *pero la valía de nuestro discurso no procede de lo concreto, sino de dirigir nuestra mirada al conjunto de las cosas. Nuestra perspectiva no es superficial, intenta explicar el todo desde una construcción general. En cambio Sciencio, lo que hace es profundizar en lo más concreto y pequeño.*

—*¿Se podría decir que entre los dos abarcáis casi todo el conocimiento?*

—*Se podría decir, sí. Salvo aquello que procede de la experiencia subjetiva de Beato y que explica Teófilo. Salvo eso, creo que sí* —*dijo Logisto.*

—*También podríamos dejar fuera el arte, supongo. La literatura, la pintura o la arquitectura* —*matizó Beato.*

—*Bueno, sí. Sin embargo, el arte lo podemos explicar de manera científica, con el lenguaje conceptual, pero no podemos ir más lejos. Digamos que no podemos sentirla ni conocerla desde la perspectiva emocional del que experimenta algo* —*dijo Sciencio.*

Se habían explicado bastante bien.

—*Tengo una duda. Si la ciencia es parcial y se especializa, entonces su conocimiento se tiene que organizar en partes, ramas, subpartes, etcétera.*

—*Es correcto, sí* —*ratificó Logisto.*

—*Solemos afirmar que las "ciencias" abarcan dos campos diferentes: las Ciencias Naturales y las Ciencias Sociales* —*indicó Sciencio que se puso a disertar sobre el tema*—. *Las Ciencias Naturales acotan y limitan la naturaleza, para observarla mejor. En cambio, las Ciencias Sociales acotan aspectos de la humanidad y la sociedad, para estudiar y comprender al hombre.*

—*Es una división sencilla* —*dije.*

—*Es sobre todo una división antigua y clásica* —*replicó Teófilo.*

—*Decía, que a su vez, dentro de las Ciencias Naturales, tendríamos que volver a dividirlas entre las Matemáticas, llamadas todavía Ciencias Exactas, por un lado; y las Ciencias Naturales propiamente dichas, por otro lado. Para las Ciencias Naturales es necesaria, incluso imprescindible, la observación. En cambio, para las Matemáticas, nos basta con el simple juego de la razón y una pizarra para ir haciendo deducciones, cálculos, etc.*

—*Sigo con una duda que me sigue asaltando. ¿Es realmente la Matemática una ciencia? ¿No es más bien un lenguaje?* —*esa es mi duda, les pregunté tanto a Logisto como a Sciencio.*

Fue Logisto el que conocía el tema y despejó el problema.

—*Habitualmente se dice que la matemática es una ciencia exacta, pero quizás habría que matizar todo esto. Las matemáticas son, más que una ciencia, un lenguaje.*

—*¿Un lenguaje? Eso sí que me sorprende* —*afirmó Beato.*

—*Es un lenguaje formalizado, artificial, numérico y simbólico que puede organizar la realidad de manera numérica. En este sentido las matemáticas son muy útiles, pues nos permiten calcular y medir, por ejemplo, el espacio o el tiempo. Pero también es un lenguaje instrumental, de hecho es imprescindible para un arquitecto, un ingeniero o un programador informático. Todos ellos utilizan la aritmética, geometría, algoritmos o probabilidades para sus construcciones y elaboraciones prácticas* —*explicó Logisto.*

—*Así es* —*ratificó Sciencio.*

—*Además de eso* —*añadió Logisto*— *la matemática utiliza un lenguaje incompleto, cuyos primeros principios no podemos demostrar. No es un lenguaje ambiguo, pero tampoco puede decirlo "todo".*

—*¡Ah, no sabía!* —*dije.*

—*Bueno, tengo que decir que la vinculación de la matemática con la filosofía ha sido extraordinaria desde siempre, hasta el punto de hablar de "la lógica matemática" como un tipo de filosofía, frente a "las matemáticas" en plural* —*dijo Logisto.*

—*Y con la ciencia, ¿no sucede eso?* —*pregunté.*

—*En el caso de las Ciencias Naturales, también ha sido muy importante su vinculación con la filosofía. La ciencia ofrece un tipo de conocimiento muy valorado en nuestra sociedad, que se obtiene mediante el método científico* —dijo Sciencio.

—*La filosofía analiza, estudia y critica el método científico, pues quiere saber qué hace la ciencia, qué sentido tiene y qué método emplea. Esos estudios específicos de filosofía se denominan filosofía de la ciencia* —explicó Logisto.

Aquello me lo dejó un poco más claro. Cuando nuestro Filósofo revolotea alrededor de Sciencio y sus estudios sobre la ranita de San Antonio, es porque también se hace preguntas sobre su actividad intelectual. Eso me abría las puertas a seguir hablando otro día.

FILOSOFÍA Y MATEMÁTICA. CONCEPTOS Y TERMINOLOGÍA.

Estuve buscando información sobre la actividad matemática en la historia de la humanidad. El tema me había interesado y me apetecía sorprender a mis amigos con algún dato que ellos no conocieran. En la biblioteca encontré abundante información que traté de clasificar y de pensar previamente.

Hay que decir que los primeros pensadores griegos concebían las matemáticas como algo mágico, extraño y misterioso. Esto no nos debe de extrañar. Si llenamos unos vasos con agua, y en cada uno ponemos una proporción diferente y matemática de agua, al golpear los vasos podremos hacer música. ¿Dónde está la música? ¿Está en el agua? ¿Está en la matemática y en sus proporciones mágicas? Para muchos griegos aquel conocimiento gozaba de una altísima consideración, pues lo hallaban omnipresente en la naturaleza.

Otro ejemplo que me hizo pensar. Si dibujo un objeto cuyos puntos estén exactamente a la misma distancia de otro punto ajeno a ellos, obtengo una circunferencia. Es el mismo dibujo que veo en la luna o en el sol. Y hay más, la relación proporcional del diámetro de esa circunferencia con la circunferencia en un número imposible e indeterminable. ¡Irracional, decimos hoy! Es el número Pi. ¿No es eso magia?

¿Más magia? La suma de todos los ángulos internos de un triángulo miden la mitad que la suma de los ángulos externos de ese mismo triángulo. Y además, esa proporción es la misma en todos los ángulos del mundo, sean los que sean. Eso sucede en todos los triángulos del universo.

¿No es asombroso? El cuadrado de la hipotenusa es igual a la suma del cuadrado de los catetos. ¿Por qué es el mundo así?

No me extrañó que la escuela Pitagórica y la Academia de Platón, erigidas ambas en la antigüedad griega, tuvieran a la matemática como un saber de primer orden. Para Platón, no se podía ser filósofo, si no se era previamente buen matemático.

Intenté profundizar en lo que habían dicho sobre si la matemática era un lenguaje, y encontré bastantes cosas. De hecho, era un asunto que había interesado mucho a los filósofos del siglo XX, especialmente a la escuela analítica del lenguaje, al círculo de Viena y a un buen número de matemáticos. Aparecieron nombres que me habían sido hasta ese día desconocidos: Ludwig Wittgenstein, Bertrand Russell, Whitehead, Gödel y otros muchos.

Wittgenstein afirmaba que la matemática usaba un lenguaje diferente al lenguaje ordinario que usamos para hablar y comunicarnos. Todos los lenguajes poseen signos, símbolos y una sintaxis, unas reglas de juego. La matemática también poseía todo eso. Era un lenguaje formalizado, pero un lenguaje, al fin y al cabo.

La matemática incorporaba sus propias reglas y mecanismos de funcionamiento. Tenía una sintaxis muy distinta a la del lenguaje ordinario, su gramática era extraña; y sus reglas de lenguaje distintas al lenguaje hablado. Esas reglas era axiomas propios, que según Gödel eran indemostrables.

La matemática era así por una razón, y es que servía de instrumento para medir, calcular y relacionar datos previamente aportados. Comprendí que el lenguaje matemático funcionaba en paralelo a la realidad. Se construía abstrayendo la realidad y volcándola en su lenguaje. Eran los problemas de toda la vida. Si tengo cuatro manzanas y me regalan cinco manzanas más, ¿cuántas tengo? Eso se traducía en 4+5=9. Tengo nueve manzanas. Eso mismo nos sirve para sumar peras, aguacates, melocotones o maletas de viaje. Eso era más rápido que contar las manzanas de una en una.

La matemática poseía una función instrumental. Servía de apoyo y ayuda, tanto a los científicos, como a la gente de la calle. Era un saber útil.

Me llamó la atención que la matemática fuera también formulada en abstracto, con letras. Se hacía así para estudiarla, para profundizar en ella. Aquello servía de disfrute a sus amantes enamorados, los matemáticos.

La matemática seguía poseyendo una función filosófica innegable. Su conocimiento alimentaba el gusto por la razón. De hecho, para mucha gente, la matemática implicaba un placer del saber por el saber, y así lo entendieron muchos estudiosos de la matemática que en la historia existieron. También servía a los ingenieros o los arquitectos para edificar y construir. ¿No seguía siendo asombroso?

El éxito más importante de la matemática llegó en el siglo XVI y XVII. La matemática se incorporó instrumentalmente al mundo de las ciencias naturales, especialmente la física, y más adelante la química, etc.

La matemática sirvió para medir con precisión, y luego facilitó a la física que pudiera calcular, computar y deducir. Era llamativo que el avance de la humanidad hubiera consistido en algo tan simple como dividir un termómetro en fracciones para luego decir que tenemos fiebre o no la tenemos.

En este sentido, hoy sería impensable la física, la medicina, la química, la astronomía… sin el concurso de la matemática. Es un instrumento imprescindible para conocer el mundo y medirlo.

UNA TARDE CON LOGISTO A SOLAS.

Con todo aquello en mi cabeza, llamé a Logisto con la intención de quedar entre semana. Me pareció el más lúcido, el que mejor podía explicar qué era la matemática. Incluso mejor que Sciencio. Y que me perdone, si lee esto algún día.

—*Logisto, tengo una pregunta para tí. ¿Esconde la matemática algo divino?*
Se quedó un rato pensando. Era obvio que la pregunta le había sorprendido, y tenía que pensar lo que iba a decir. Al cabo de un rato, tras pedirme que repitiera la pregunta, respondió muy quedo y firme.
—*En la antigüedad sí lo pensaron muchos. La matemática era algo trascendente, poseía una magia interna extraordinaria. Así lo vieron los pitagóricos, por ir más lejos. Afirmaron que el*

principio de todas las cosas estaba en el "arithmos" es decir, en el número. Hablaron del número perfecto, el diez, que es la suma de los cuatro primeros números; y también enumeraron la lista de los números primos. Para esta gente, la matemática era algo trascendente, incluso divino y perfecto.

—¿Y luego desapareció esa perspectiva?

—Sí y no. Durante la modernidad, muchos afirmaron que Dios era una especie de Gran Matemático, de Gran Arquitecto.

—¿Y tú lo crees?

—Bueno, no sé. Lo cierto es que el mundo matemático hace que todo lo que toque aparezca como ordenado, lógico y perfecto. De ahí que estuviera en la base del mecanicismo y el racionalismo, que fueron dos corrientes populares de pensamiento de los siglos XVII y XVIII.

—No las conozco, ¿qué afirmaron?

—Es difícil resumirlo, pero lo intentaré. Decían que el mundo estaba escrito en términos matemáticos y lógicos, que todo podía ser estudiado desde la matemática, porque ésta estaba oculta tras la realidad que se pensó como mecánica y exacta.

—Igual que los pitagóricos, por lo que veo.

—Había otros matices diferentes. Para ellos Dios sí existía, era una especie de relojero que había puesto en marcha el mundo con sus reglas y normas naturales perfectas. Y dentro de esas normas perfectas, la matemática era especial. No divinizaban las matemáticas, pero afirmaron que Dios era, ante todo, un ente matemático y lógico, una razón perfecta. Una especie de inteligencia pura.

—Eso no lo aplaudiría Beato.

—No, claro que no. Rezar a un motor inmóvil es casi lo mismo que rezar a la tabla de multiplicar.

Me hizo gracia el comentario de Logisto.

—¿Y qué pasó en los siglos siguientes? ¿Por qué se abandonó está visión? —pregunté simulando más ignorancia de la que tenía.

—El romanticismo y otras corrientes hicieron su mella. Pero tengo que confesarte que fue la misma matemática la que regresó al

mundo de la filosofía a finales del siglo XIX para fracasar. En aquel entonces, los lógicos y los matemáticos quisieron elaborar un lenguaje filosófico lo más formalizado y exacto posible. Es decir, intentaron aplicar la matemática y la lógica al lenguaje de la filosofía para lograr una exactitud y una precisión absoluta. Este intento lo desarrolló la filosofía analítica de la mano B. Russell y Whitehead.

—*¿Has dicho que fracasaron? ¿Por qué?*

EL FRACASO DE LA LÓGICA Y DE RUSSELL.

Seguí hablando con Logisto durante un buen rato. Lo hacíamos paseando por la ciudad, tranquilamente y sin fijar un rumbo fijo. La conversación estaba derivando por rincones oscuros que desconocía: la lógica, Russell y la matemática. Su tono de voz era comedido, afable y profundo. Estaba claro que la filosofía era más sabia de lo que mucha gente juzgaba.

—La lógica es más compleja de lo que parece. El lenguaje ordinario —el que usamos habitualmente para comunicarnos— lo podemos convertir en un lenguaje formal. Es lo que llamamos la lógica. Empleamos unos signos, unas conectivas, signos de puntuación y una sintaxis. Con ello podemos deducir si algunas afirmaciones son correctas, o hay una contradicción en un discurso.
—De acuerdo, te sigo bien, no me he perdido.

—Te decía que el estudio de la lógica moderna nos puede servir para razonar mejor. Sin embargo, la lógica funcionó durante mucho tiempo sin formalización alguna, en la llamada lógica aristotélica, que fue el primero que trabajó este tema. No usaron la matemática como lenguaje adaptado a la lógica.

—Ya. Eso lo hicieron Russell y Whitehead, pero por qué fracasaron.

—Veo que los conoces —dijo Logisto sorprendido por mi conocimiento del tema—. Russell y Whitehead se lanzaron a formalizar el lenguaje ordinario con la intención de construir un lenguaje axiomático que fuera perfecto para la matemática y la ciencia. Buscaban la perfección para la ciencia, la superioridad y la verdad frente a cualquier otro discurso.

—Ya entiendo.

—Su fracaso fue sonoro cuando fueron avanzando en sus investigaciones y vieron que la matemática no podía demostrar sus primeros principios. Sin embargo, fruto de su esfuerzo, nos dejaron como resultado la lógica que se enseña hoy, una lógica matemática y formal. Nunca un fracaso dio tantos frutos.

—Ya veo. La lógica es pariente cercano de la matemática.

—Así lo entendieron Russell y Whitehead. Sin embargo, también es pariente de la filosofía, en concreto de la rama que se encarga de estudiar los razonamientos. La aportación de la lógica fue importante, pero no puede sustituir al resto de la filosofía, como pretendió Russell. La lógica sirve para pensar mejor, pero no es la única actividad a la que se dedica la filosofía. Y además, igual que le sucede a la matemática, no puede demostrarse a sí misma.

—Ya veo el fracaso. ¿Y desde entonces no se habla de matemáticas para explicar la realidad?

—Bueno, siempre sigue habiendo filosofías que tratan de comparar a los ordenadores, por ejemplo, con el cerebro humano, para deducir que somos una matemática compleja. Nunca se ha abandonado la teoría. Pero es que en filosofía nunca se abandona a nadie —dijo finalmente con una sonrisa muy agradable.

Tenía razón en aquella advertencia. Muchas personas hablaban de la humanidad y del ser humano como si fuera una mecánica, una suma entrópica de átomos y cosas por el estilo. Era una pérdida de dignidad lo que escondía. Lo cierto es que la filosofía del siglo XX había hablado de la vida y de los sufrimientos de la humanidad. Asuntos, todos ellos, que no podía abordar la filosofía analítica.

LA PRECISIÓN DE LA MATEMÁTICA NO ES CONTAGIOSA.

—Oye, otra pregunta. ¿La precisión de la matemática convierte a las ciencias naturales en exactas?

Se rió.

—¡Eso pregúntaselo a Sciencio! —y se volvió a reír—. No, en serio. Tengo que decir que las Ciencias Naturales no son exactas. A esta deducción no ha sido fácil llegar.

Puse una cara un poco rara, lo que hizo que intentara darme una respuestas más sencilla.

—Mira, te lo explico desde la filosofía del lenguaje que te acabo de contar. La precisión de la matemática está predeterminada por los axiomas matemáticos. No puede ser de otra manera. Es decir, el lenguaje de la matemática está limitado, y no es absoluto ni infinito.

—Vale. Eso lo entiendo.

—*Su primera limitación es común a todos los lenguajes. Todos los lenguajes están limitados tanto semiótica como sintácticamente. Las palabras son el límite del lenguaje, y las reglas de construcción del lenguaje también son un límite. Los lenguajes ordinarios se hacen para la comunicación, por eso tienden a ser ambiguos y equívocos. A la matemática le sucede lo mismo.*

—*Ya veo. Quieres decir que cualquier lenguaje tiene sus límites, y eso le sucede también a la matemática.*

—*Y hay más. La segunda limitación de la matemática tiene que ver con su naturaleza formal específica. Al ser un lenguaje formalizado, su exactitud está marcada por lo que llamamos los axiomas o dogmas indubitables de la matemática o la lógica. Las reglas de juego de la matemática son su limitación.*

—*Eso que dices es muy abstracto. ¿La matemática es como un juego de cartas? ¿Es eso lo que quieres decir?*

—*Sí, eso es. El problema es que la matemática sólo te permite jugar con un tipo de cartas que además no son demasiado versátiles. Si el signo "=" a veces significara "un cierto parecido" tendríamos un problema para que los cálculos matemáticos nos salieran. Este es el precio de la matemática y también su grandeza. Es un juego de lenguaje que sirve para apoyar a otros saberes, pero está limitado por su misma naturaleza.*

—*Por eso, cuando se aplica la matemática a las demás ciencias, y medimos y calculamos con ella, estamos aplicando unas reglas limitadas, unos axiomas marcados, que además no son exactos ni demostrables* —deduje abiertamente.

—*Eso es. Perfecto. Lo has entendido muy bien.*

—*Una última duda, ¿podría existir una matemática que no tuviera esas características, que no fuera exacta?*

—*Sí. Se podría inventar una matemática con otras reglas de juego.*

Logisto me explicó que las matemáticas que teníamos eran las de Euclides. Aquel hombre, un sabio matemático del helenismo antiguo, escribió una obra llamada "Elementos" la primera gran enciclopedia de matemáticas, donde recogía todo el saber matemático hasta el momento.

Pero la matemática de Euclides podía no ser la única matemática. Podríamos crear otros lenguajes matemáticos, de hecho se van creando en la historia del pensamiento matemático otros lenguajes matemáticos.

La cuestión era si aquellas matemáticas eran soportadas por la realidad, si tenían su correlación con el mundo. ¿Era posible un mundo distinto, con otras matemáticas y otra realidad?

Aquello era fascinante, pero creo que me sobrepasaba. Intenté reorganizar mis ideas durante esa noche, pues tenía que estar fresco para volver a reunirnos con el grupo de amigos.

Sin embargo, aquella reunión no se produjo.

FILOSOFÍA Y CIENCIA. CONCEPTO Y TERMINOLOGÍA.

Te podría contar muchas historias interesantes y sorprendentes sobre la ciencia, y sobre los científicos, la manera en la que descubrieron o pensaron sus teorías, y la forma en que vivieron y hallaron sus descubrimientos. Te anticiparía que, en algunas ocasiones, la realidad supera la ficción más extraña.

De hecho, la casualidad y los errores han estado detrás de un buen número de experimentos y de teorías, desde Pasteur y sus equivocaciones en el laboratorio, hasta debates e intuiciones de lo más extraordinario y llamativo.

La ciencia se ha ido convirtiendo para mucha gente en una especie de religión, de mística de la verdad. Se le ha rodeado de una especie de nebulosa mágica sobre su elaboración y resultados, los cuales suelen contrastar con lo que verdaderamente es. Eso ha hecho mucho daño a la ciencia, pero también a los demás saberes.

La historia de la ciencia es la historia de las ideas fallidas y de las hipótesis refutadas. La ciencia va de equivocación en equivocación, y esa es su principal fuerza. Dicho de otra forma, la ciencia refuta muy bien, pero demuestra muy mal.

Sin embargo, esto que hoy sabemos y pensamos sobre la ciencia, no es apreciado ni aceptado por los llamados cientifistas, que consideran que la ciencia es la única verdad posible.

Eso fue lo que le sucedió a Sciencio. Me contaron que recibió una reprimenda de un cientifista, y decidió no venir con nosotros en los días siguientes. Es fue la versión que nos dió Teófilo.

Es caso es que fue una pena, porque tenía muchas preguntas que hacerle.

Por suerte, Logisto me ayudó con el asunto de la ciencia, su actividad y su método.

—Sciencio no tiene la culpa. Se ha dejado engatusar por un cientifista, alguien que cree que lo que hacemos y decimos los demás son castillos en el aire, estupideces y majaderías. Por eso no viene con nosotros, pensará que es una pérdida de tiempo. Me va a costar que vuelva, pero lo intentaré —dijo Teófilo con su mejor intención.

—Es triste, pero veo que hemos vuelto a la cerrazón de los tiempos pasados —comenté—. Donde todos y cada uno de vosotros se creía en posesión de la verdad y no escuchaba a los demás.

—Por desgracia, sigue habiendo mucha gente que desprecia la religión, la teología, e incluso la filosofía —dijo Teófilo.

—El caso es que quería seguir hablando de la ciencia con vosotros.

—Por mi parte, no hay problema —dijo Teófilo con la mejor de sus intenciones.

—Por la mía, tampoco —añadió Beato.

—Seamos sinceros —dijo Logisto, que era quizás el más molesto con aquella reacción de Sciencio y sus engatusadores—. La ciencia no nos cuenta la verdad. De hecho, si examinamos con detalle, la historia de la ciencia es absolutamente inútil, pues se compone de hipótesis y tesis peregrinas, la mayoría de las cuáles

han sido refutadas por otras teorías científica mejores y preferibles. Pero eso no significa que no puedan ser sustituidas más adelante, son teorías que están pendientes de ser refutadas por otro científico en el futuro. ¿O no?

—Supongo que sí —contestó Teófilo.

—La diferencia entre la Historia de la Ciencia y la Historia de la Filosofía es muy notable. —explicó Logisto—. La filosofía se compone de ideas irrefutables e indemostrables. Ideas que ni caducan ni mueren.

—¿La filosofía está llena de ideas antiguas? —pregunté.

—Eso es. Cualquier idea antigua puede volver a ser reelaborada y relanzada al ágora de la discusión filosófica. Eso convierte la historia de la filosofía en algo vivo y actualizable. La historia de la filosofía nunca muere.

—¿Y eso no le sucede a la ciencia? —inquirí.

—¡Por supuesto que no! La ciencia va de fracaso en fracaso. La ciencia se compone de ideas refutables y falsables. Por eso la historia de la ciencia es la historia de las ideas refutadas e inservibles para la ciencia contemporánea. No se va a la historia de la ciencia para alumbrar una nueva teoría científica. Se va a ella para comprender la mentalidad de una época, poco más. La historia de la Ciencia es como un hermoso cementerio lleno de cadáveres.

Tras aquella perorata se quedó en silencio. Había hablado bien, y creo que había aclarado muchas cosas sobre la ciencia.

Aproveché el intervalo para solicitar al camarero que nos trajera los cafés de siempre y los bollitos de crema que tanto gustaban a mis amigos. Apenas tuve que interrumpir a Logisto, pues de inmediato, en cuanto bajé la mano con la que había llamado la atención al camarero y pronuncié el consabido "lo de siempre", Logisto continuó con su explicación.

—La obra poética de Dante, titulada "La divina comedia", de la que habrás oído hablar — dijo Logisto más aplomado— cuenta una historia que nos puede venir al pelo. En esta obra magna del renacimiento, su protagonista recorre con el poeta Virgilio diferentes estancias, tanto del cielo y del purgatorio como del infierno. Pues bien, su paso por el infierno es de lo más interesante, *pues allí vemos un buen puñado de gente mala, tan diversa y representativa de la época, como ingenio tuvo su autor.*

—Creo que Dante incluyó en los infiernos a unos cuantos de sus enemigos —comentó Teófilo sonriendo.

No sabíamos a dónde quería ir a parar Logisto, por lo que le dejamos que siguiera hablando.

—Efectivamente, a sus enemigos. Eso nos permite ver que también entre los renacentistas cocían habas.

—¿Por qué mencionas a Dante? ¿Qué tiene que ver con esto? —preguntó tímidamente Beato.

—Si hoy paseara con Sciencio por los senderos del cielo y del infierno, convertidos en los senderos de las ideas aplaudidas y las ideas desechadas, encontraríamos que todos los precursores de Scienco estarían en el infierno de los olvidados, con sus geniales ideas científicas refutadas; lo cual es peor que desechadas.

Era una comparación que me hizo gracia. Logisto estaba ocurrente cuando se mosqueaba, y ese día estaba bastante alterado por la reacción de Sciencio.

—En cambio un servidor filósofo tendría amigos en todos los lugares. Tendría amigos en el cielo de los aplausos y en el infierno de los olvidos; tendría colegas en el purgatorio de los copiones y en el cielo de la gente original. Para la filosofía también es válido lo que se dijo hace cientos de años, aunque haya caído en el olvido. Sólo basta con rescatarlo y ponerlo de moda de nuevo.

—Está bien la comparación. Pero quizás estás exagerando con Sciencio —dijo Teófilo, que era más comedido, aunque quizás estuviera más acomplejado ante Sciencio que Logisto.

—¿Lo crees así? ¿Estás exagerando, Logisto? —pregunté—. Me gustaría tu opinión sobre lo que puede hacer o no hacer la ciencia, y para eso tienes que intentar ser más objetivo.

Logisto agachó la cabeza. Tomó un pastelillo de nata y tras masticarlo con deleite, siguió hablando. Su tono era más pausado, y estaba pensando y recapacitando mejor lo que decía.

—No te voy a negar que la ciencia ofrece un discurso centrado y perfectamente delimitado. Pero no puede hablar de todo como la filosofía. El discurso de la ciencia se basa en la observación *y en la experimentación, y para experimentar tiene que delimitar su campo de observación. La ciencia no puede hablar del más allá, del sentido de la vida, o de cómo debo comportarme ante un dilema ético. Nosotros, en cambio, por el contrario, podemos pensar y contemplar toda la realidad a un tiempo, no tengo por qué especializar mi discurso, ni delimitar su observación.*

—Creo que ese resumen es magnífico y muy acertado — dijo Teófilo.

Era una buena reflexión, y me quedé, sobre todo, además del disgusto de esos días, con la certera explicación de Logisto. La ciencia se había especializado, usaba un método en su elaboración, pero no era superior a los demás.

Era un discurso, un lenguaje, una reflexión conceptual elaborada desde la experiencia.

Como había explicado la misma Filosofía de la Ciencia, Sciencio era bueno refutando teorías, pero era limitado demostrando. Su saber podía parecernos más verdadero que el de Beato o de Teófilo, pero no era más veraz ni acertado. Tan indemostrable era uno como otro.

Sin embargo, sí había un matiz. Sciencio podía refutar, demostrar en negativo, sus propias teorías, cosa que Teófilo no podía hacer con las suyas. Sciencio podía refutarse a si mismo con una nueva teoría o con un nuevo experimento; sin embargo, no podía demostrar con absoluta seguridad lo que afirmaba. No iba de verdad en verdad, sino de falsedad en falsedad instalándose en la última teoría, la que no hubiera sido todavía refutada.

Esa teoría había sido propuesta por Karl Popper, un filósofo de la ciencia del siglo XX. Era la teoría de la falsabilidad.

Lejos quedaban los discursos de los científicos que hablaban de objetividad, de demostración, de exactitud o de veracidad para la ciencia. La ciencia intentaba ser así, deseaba poseer esos rasgos de superioridad en el saber, pero no lo conseguía. El discurso de la ciencia era considerado por muchos filósofos como algo tan frágil como cualquier otro discurso humano.

LO QUE HACE LA CIENCIA CUANDO HACE CIENCIA.

La primavera llegó antes de lo que nos imaginábamos, por eso propuse a mis amigos un fin de semana en una casa rural para platicar sobre la actividad científica. A todos les pareció bien.

Durante las dos jornadas de monte, nos decidamos a pasear por el campo, rodeados de vacas, de pastos y de olor a leche. Al mediodía, tras la excursión, comíamos cualquier bocadillo sentados entre un risco o junto a la fuente de la majada. Sin embargo, por la noche, cuando regresábamos al refugio de montaña, y tras encender un buen fuego, aliñábamos todo tipo de ensaladas que complementábamos con carne a la parrilla, y que servíamos con varias botellas de buen vino que llevábamos para la ocasión.

Me hubiera gustado que hubiera venido Sciencio. Pero no se puede obligar a la gente a pasarlo bien.

—Bien Logisto. Ahora que el fuego está bien alimentado...
—Y nuestras barrigas también —interrumpió Beato.
—... eso, eso. Me gustaría saber qué hace la ciencia cuando hace ciencia.

Logisto apuró su bendito vaso de Patxarán, y tras pedir con un gesto que le llenáramos el vaso, inició una explicación soberbia. La había estado preparando y pensando durante varios días y era su momento de oro.

—La ciencia hace varias cosas que las voy a ir explicando.
—Adelante, pues — le dije animándolo.
—Lo primero que hace es aprender del pasado. Sería lo más tradicional de la ciencia. Un científico estudia lo que otros han dicho antes que él. En ese sentido, ninguna ciencia parte de cero. Nadie hace una disección para investigar la forma del corazón, porque esto ya se hizo. El conocimiento es así heredado y trasformado por el investigador, el científico o el pensador, como queramos llamarlo. Sin estos conocimientos previos no es posible hacer ciencia, pues se desconoce lo que otros han hecho.

—Es juicioso eso que dices. La ciencia aprende de su pasado... —dije.

—Y de otros científicos —afirmó Teófilo—. Un problema que puede tener la ciencia hoy es que no escucha lo que otros científicos hacen.

—Correcto —dijo Logisto—. De ahí la importancia de la divulgación científica en revistas especializadas, donde encontramos un debate jugoso tanto en las ciencias naturales como en las sociales.

—Sin embargo, en ocasiones, lo que otros han hecho, no siempre está bien contrastado. Hace pocos años un científico publicó un artículo contando un experimento que nunca había hecho, citaba científicos, nombres y publicaciones inexistentes para apoyar sus supuestas conjeturas. Es decir, se inventó un discurso científico. Lo que llamó la atención es que nadie lo refutó, y al contrario, vio como aparecían sus sandeces citadas por otros *científicos serios, que otorgaban una credibilidad excesiva a lo que decía.*

—¡No me lo puedo creer! — exclamó Beato.

—¿Seguimos? —propuso de nuevo Logisto.

—Adelante. ¿Qué más hace la ciencia además de aprender de su pasado?

—La ciencia también dedica mucho tiempo a observar, a describir y a poner nombres.

—Es verdad. Estudiar medicina supone memorizar muchos nombres raros —dijo Beato.

—Así es —continuó Logisto— y no sólo le sucede a la medicina. También la biología, la historia, la economía y todas las demás observan, describen y ponen nombres.

—¿Y eso por qué? — pregunté.

—Es obvio que se disecciona la realidad para poder analizar algo con más claridad y precisión. La ciencia toma datos y anota lo que observa. Eso es describir.

—Define "describir" —dije.

—Describir significa analizar, clasificar, ordenar, categorizar, distinguir, etc. Es la clasificación de las especies, de los tiempos, de los sistemas, la descripción y nombramiento de las partes de una célula, del orden de los artrópodos, o de los periodos de la historia. Todo eso es describir. Los científicos observan, clasifican y analizan, y luego les ponen nombre.

—Es casi una actividad natural en el hombre —dijo Teófilo.

—¿Qué más hace la ciencia? —pregunté.

—Lo siguiente que hace la ciencia es interpretar. Sería el tercer aspecto de la ciencia. Esto implica pensar, razonar y enjuiciar lo observado.

—¿Interpretar has dicho?

—Sí, interpretar. Todas las ciencias tienen que interpretar; es una actividad tanto de las ciencias naturales como de las sociales, incluso de las humanidades.

—¿Y qué es interpretar? —pregunté.

—Interpretar es dar sentido a la realidad, supongo —afirmó Teófilo.

—Por supuesto, amigo, por supuesto. Todos necesitamos interpretar el mundo y la realidad que nos rodea. Es una actividad mental y psicológica. Lo que quiero decir es que el científico tiene que entender y explicar lo que ha descrito o analizado.
—Ya veo.
—Un filósofo del siglo XX, Gadamer, afirmó que para interpretar era necesario sostenerse en la tradición, los prejuicios y la autoridad.
—La tradición ya la has nombrado antes —aseguró Teófilo.
—Forman un equipo, pero sí. Conocer la tradición científica es una de las actividades de los científicos, pero también es una actividad científica interpretar esa realidad. Esa interpretación no se puede hacer sin tener algún prejuicio, una idea previa aprendida. Desde esos prejuicios se investiga, o bien para mantenerlos, o bien para modificarlos y dejarlos caer. Así actúa la ciencia. Galileo, Copérnico, Newton tenían un buen puñado de prejuicios, y desde ellos hicieron sus investigaciones y pudieron sostener sus propuestas.
—Tenía entendido que para la ciencia tener prejuicios es algo negativo.
—Pues no lo es. Al contrario, tener prejuicios es imprescindible para hacer un nuevo juicio a la realidad. Todas las personas estamos sometidas a prejuicios sociales, culturales, internos o tradicionales. Y los científicos también. Forman parte de la nuestra necesaria precomprensión.
—¿Y si un científico no quiere cambiar sus prejuicios? ¿Y si no quiere aceptar una nueva teoría?
—Tiene derecho a hacerlo. Quizás la nueva teoría no sea más que un montón de basura — respondió Logisto.
—De todas formas, me cuesta aceptar esa idea de que un científico es alguien que vive bajo la influencia de sus prejuicios.
—Pues así ha sido desde siempre. En las ciencias naturales, por ejemplo, cualquier interpretación nueva que se haga está influenciada por el paradigma de la época.
—¿Y en las ciencias sociales?

—En ese caso, sus prejuicios son su adscripción ideológica. Por eso encontramos historiadores de derechas o de izquierdas, economistas liberales o keynesianos. Lo que debemos pedir a estos científicos de la historia, la sociedad y las humanidades es que sean honestos con los datos y con su interpretación de los mismos.

—Lo que sí hay que afirmar es que lo interpretativo permite un margen de maniobra mayor en el investigador, precisamente porque ya interviene lo subjetivo del mismo, su capacidad creativa, y su imaginación —completó Teófilo

—Sin duda, interpretar requiere un "añadido" de creatividad y de inteligencia —repuse.

—Vamos con la cuarta cosa que hace un científico —dijo Logisto retomando de nuevo el tema.

—Adelante.

—Lo cuarto y último que hace un científico es formular una hipótesis, una ley natural, una relación entre una causa y una consecuencia. Es lo que podríamos llamar lo hipotético progresivo. Es lo que diferencia a las ciencias naturales de las sociales.

—¿Por qué progresivo?

—Aquí realmente el científico está añadiendo algo nuevo. Es lo que Kant llamó el juicio sintético a priori.

—Me he perdido —dijo Beato.

—Y yo.

—Kant afirmó que para que haya un conocimiento nuevo es necesario que se parta de la observación, de un experimento; pero luego hay que formular una regla universal que sea coherente y juiciosa. Una hipótesis universal que lo explique. Este sería el "a priori", la ley universal. Lo siguiente que tendrá que hacer un científico es contrastar su hipótesis con algún experimento. En resumen, el científico extrae, desde la interpretación y la hipótesis, una relación causal que explique ese caso, y todos los supuestos similares.

Nos quedamos con la boca abierta. Logisto intentó explicarse mejor.

—Os voy a poner un ejemplo. Si afirmo que tenemos peso en la Tierra porque existe un torbellino de partículas que produce la rotación de nuestro planeta al girar sobre sí mismo...
—¡Qué teoría más rara!
—La formuló Descartes —dijo Logisto.
—Sigue, sigue. No quiero interrumpirte.
—Decía que si tenemos peso porque hay un torbellino de partículas producido por la rotación del planeta, entonces tendré que explicar por qué pesamos lo mismo en el polo Norte que en el Ecuador del planeta —dijo Logisto.
—Una relación causal lleva a la otra.
—Pues bien, el problema es que pesamos lo mismo en el Ecuador que en el Polo norte. Por consiguiente, la teoría de Descartes no se sostiene. Se refutó con el simple experimento de pesar a gente en diferentes latitudes del planeta.
—Parece fácil.
—El problema es que hacer experimentos no sirve para demostrar algo, sino para refutar una teoría o una hipótesis equivocada.
—Lo que dijo Popper. La teoría de la falsabilidad.
—Eso es. La ciencia refuta muy bien, pero demuestra muy mal. Para muchos filósofos de la ciencia, la ciencia no demuestra nada, o casi nada. Refuta lo que es absurdo, o insostenible, pero no demuestra.
—Lo que pasa es que... supongo que a fuerza de refutar teorías equivocadas, nos acercamos más a la verdad.
—Podría ser —dijo Logisto— pero también algunos piensan que la ciencia da vueltas sobre sí misma. Elabora su discurso y va desechando otros discursos sin tener un rumbo claro.
—¿Y las ciencias sociales? Dijiste antes algo de ellas... que eran diferentes —comenté.
—Así es. Las ciencias sociales ni siquiera pueden hacer experimentos para refutar teorías e hipótesis equivocadas. No puede un economista volver al año 2008 para observar si su teoría se cumple. Tampoco puede un historiador reproducir completamente

un periodo histórico. No podemos regresar a Waterloo para ratificar la hipótesis de por qué perdió Napoleón la batalla.

—Yo creo —dijo Teófilo— que aunque pudiéramos volver en el tiempo, y mirar por un agujero la historia, habría diferentes interpretaciones de la realidad.

—Mira a la gente del fútbol, cuando hay un penalty, no se ponen de acuerdo. Y eso que ven la jugada y la repitan una y otra vez —afirmó Beato.

—Me gusta el ejemplo —dijo Logisto—. Es muy gráfico. Pues imagínate la historia, la economía, la política, la antropología...

—O la teología, el derecho —continuó Teófilo.

—Lo más que podemos pedirle al científico en estos casos es honestidad consigo mismo y con los demás —dijo Logisto a modo de conclusión.

—¿Y el método científico? ¿Qué papel juega entonces el método científico.

HABLAR DE CIENCIA ES HABLAR DE MÉTODO CIENTÍFICO

—¿*El método? El método sería el itinerario que sigue el científico en todo el recorrido. "métodos" procede del griego, y significa "camino hacia".*
—*Y la ciencia es su método.*
—*Sí. Es el camino que emprende, es el procedimiento, el itinerario que sigue un científico cuando estudia o investiga algo. A lo largo de la historia de la filosofía se ha hablado de distintos métodos, distintos procedimientos para conocer las cosas. Esto es muy importante porque uno de los problemas más decisivos para la filosofía es el camino que uno emprende. Los métodos escolásticos, que eran los métodos científicos del medievo, fallaron cuando se empezaron a refutar sus hipótesis. El método es fundamental, porque según el procedimiento que empleemos podremos saber si*

estamos haciendo bien las cosas, y podemos fiarnos de nuestro conocimiento o no.

—*Vale. Todo eso está muy bien, amigo Logisto. Pero hoy no me negarás que la ciencia está diciendo que está demostrado esto y lo otro.*

—*Ya te he dicho que es falso. La ciencia no puede demostrar nada, puede refutar, pero no demostrar definitivamente. Las leyes naturales, las de Newton por ejemplo, no están demostradas; el problema es que tampoco están refutadas del todo, por eso se mantienen más sólidas que la teoría de los graves de Descartes —explicó Logisto.*

—*Entonces, ¿por qué dice lo contrario? ¿Por qué presume de ser infalible y de demostrar las cosas?*

—*Durante el siglo XIX se creyó así, y se sigue repitiendo. Pero no es cierto que pueda hacerlo.*

—*¿Y no está demostrado que fumar mata, o que provoca cáncer, por ejemplo?*

—*No. No está demostrado. Usan la estadística e inducen una ley general que no está demostrada. Hay gente que fuma y que no tiene cáncer. Si eso sucede, entonces la relación causal " si fumas, entonces mueres por fumar", no sucede. Pero incluso aunque así fuera, aunque sí matara, habrá que demostrar el porqué, la relación causal última. Es cianuro es un veneno, por ejemplo, pero no sabemos qué provoca exactamente la muerte cuando se consume. ¿Por qué detiene el corazón? No está demostrado, pero está claro que tampoco está refutado, porque siempre que uno toma cianuro, acaba palmando. Lo que no sabemos es si la inducción existe.*

—*No entiendo eso de la inducción.*

—*Inducir es pasar de lo particular a lo general. Es generalizar. Una ley natural hace eso, inducir, es decir, pasar de lo particular a lo general. El problema es que la relación causal no queda por eso demostrada. Deducir es lo contrario, es pasar de lo general a lo particular.*

—*¿Y la ciencia no deduce?*

—*A la hora de formular su hipótesis tiene que inducir primero y deducir después. El problema es ahora que cuando uno*

deduce algo, no añade nada nuevo. El contenido de lo que dijiste está en lo general. La afirmación, la premisa general, de la que deducimos algo, no es demostrable. Por eso las matemáticas no son demostrables y la lógica tampoco es demostrable.
  —*¿Y la ciencia?*
  —*La ciencia es indemostrable. Y las ciencias naturales son, al menos y como consuelo, refutables mediante experimentos.*

  Era interesante todo aquello. Me había quedado la duda del método científico. Estaba claro que ni el método inductivo ni el deductivo eran los caminos que usaban hoy los científicos, aunque Logisto me aseguró que el método inductivo era usado y vociferado a los cuatro vientos por muchos de ellos, pseudocientíficos que usaban la estadística para hacer demostraciones y discursos fatuos. La clave estaba en la relación causal, había dicho.
  Y era razonable.

  —*El método que usan hoy las ciencias naturales es el llamado método hipotético-deductivo. Es una modificación de los métodos inductivos y deductivos.*
  —*Bueno, explícanos al menos en qué consisten* —*le rogué.*
  —*El método hipotético deductivo parte de una observación, de un experimento, o de ciertos hechos de experiencia que se quieren explicar. Para eso se descompone el hecho sensible que se quiere analizar en partes más simples, incluso se puede añadir un carácter matemático. Es la parte descriptiva y tradicional.*
  —*Observación.*
  —*Efectivamente, observación. Acto seguido se elaboran explicaciones provisionales en las que se establecen regularidades cuantificadas entre las diversas partes, se formula una hipótesis y se mantienen hasta que se obtiene, se elige, una respuesta mejor que explique las cosas de manera más brillante y aceptable. Es la parte de la interpretación y de la hipótesis.*
  —*Interpretación e hipótesis.*
  —*Lo siguiente es deducir las consecuencias, también matemáticas, de las hipótesis establecidas. Eso se comprueba*

mediante experimentos. Aquí se deduce si la hipótesis es correcta, es la fase deductiva.

—Ya lo has dicho antes. Formulada la ley universal, se mira para ver si sucede en el caso particular.

—Correcto, lo has entendido muy bien. Es problema es que hay que examinar la relación causa-efecto. Con este método queremos deducir si la hipótesis es correcta a partir de los experimentos, pero eso no se puede deducir. Lo que hay que demostrar es la ley natural, no si funciona en el caso particular.

—Ya veo.

—Por eso, lo que realmente hace un científico es someter su hipótesis a refutación. Pero que no se caiga su hipótesis, no significa que esté demostrado.

—Esto me recuerda a los juicios penales. La carga de la prueba. Que no se pueda demostrar la culpabilidad de alguien, no significa que sea inocente —dijo Teófilo.

—Esa es la presunción de culpabilidad. Lo contrario sería: que no se pueda demostrar la inocencia, no significa que uno sea culpable —dijo Beato.

—Es otro buen ejemplo el que me proporcionáis. Para las ciencias naturales, que no se refute algo, no significa que quede demostrado.

—Entendido. Es perfectamente lógico.

—Lo que pasa es que los científicos sí hacen eso. Si no pueden refutar una teoría científica, entonces la aceptan como si fuera válida. De esta manera equivocada incorporan a las leyes de la ciencia muchas proposiciones que no están demostradas.

—Es un exceso, está claro.

—Lo curioso es que esto sucede con las ciencias naturales, y no con las ciencias sociales. Pero tan indemostrables son unas como otras. La diferencia es que unas pueden ser refutadas y otras no.

EL MÉTODO DE LAS CIENCIAS SOCIALES.

—*Las explicaciones que has dado son fantásticas. Me gusta lo que has expuesto sobre el método*— le confesé a Logisto—. *Pero ahora mi duda está con las ciencias sociales. ¿Mantienen el mismo método hipotético-deductivo?*

—*En principio, sí* — respondió con decisión—. *El problema de las ciencias sociales es que no se pueden refutar sus hipótesis o explicaciones, salvo que los datos de partida sean rotundamente falsos. Por ejemplo, si uno construye la teoría de que Napoleón perdió en Waterloo porque ese día llovió y se formó barro, pero luego se comprueba que no llovió en el campo de batalla, la teoría se cae por completo.*

—*Lógicamente.*

—*Pero si no fuera así, si hubiera llovido, la teoría se mantendría. Aunque es probable que unos historiadores afirmaran que la causa de la derrota estuvo en la meteorología y otros no.*

—Entiendo. Pero entonces la subjetividad del historiador sería decisiva.
—Por supuesto, tanto como la subjetividad del físico, del químico o del biólogo. La única diferencia es que el historiador no puede ser refutado; y un físico, sí puede ser refutado con un experimento.
—Entonces, ¿la ciencia es subjetiva?
—Así es. ¿Te acuerdas cuando expliqué lo de la tradición, los prejuicios y la autoridad?
—Sí. De un tal Gadamer.
—¡Eso es! Gadamer, junto con Paul Ricoeur, elaboraron un método para interpretar textos y escritos antiguos. Era el llamado "método hermenéutico" y en principio se convirtió en el propio de las ciencias sociales y las humanidades —dijo Logisto.
—Hermenéutica significa "navegación de Hermes", ¿no es cierto? —intervino Teófilo.
—Sí. La hermenéutica sería la interpretación, y Gadamer propuso un método interpretativo para comprender la realidad. Ese método se basaba en los prejuicios, la autoridad y la tradición, pero él no los tuvo como algo negativo ni peyorativo. Tener prejuicios no es algo negativo para un científico.
—Eso ya lo contaste. Aprendemos de otros.
—Caminamos sobre los hombros de los gigantes que nos precedieron, por eso podemos mirar más lejos que ellos.
—Es una buena metáfora —dije.
—Gadamer afirmó que entre nosotros, en el siglo XXI y el texto antiguo, hay una distancia en el tiempo, y además ha habido una transmisión del mismo. Tenemos el texto porque nos lo han proporcionado otros que lo han leído y estudiado. Eso es la tradición. La palabra procede del latín, "traditio" y significa entrega.
—De acuerdo.
—La tradición es algo entregado, algo que recibimos del pasado. Estos textos antiguos nos llegan mediante una tradición, una sucesión. El intérprete de, por ejemplo Platón, conoce los textos porque se los han trasmitido desde el pasado, pero también conoce

las interpretaciones que de esos textos han hecho otros autores del pasado.

—*Es el aspecto tradicional de la ciencia, por lo que veo.*

—*Lo segundo son los prejuicios. El intérprete no hace su trabajo de nuevas, no llega a la investigación por primera vez sin saber nada previo. Ha acumulado a lo largo de su vida de estudios unos juicios sobre lo que sigue estudiando. Esto ya lo vimos.*

—*Creo que quedó bastante claro.*

—*Pues bien, el intérprete, ahora que va a abordar un texto nuevo, acude con prejuicios, que no sólo no son negativos, sino que son imprescindibles y positivos. Los prejuicios del intérprete son necesarios, es la precomprensión que permite la comprensión posterior.*

—*¿Precomprensión has dicho?*

—*Un prejuicio es una precomprensión. Estos prejuicios no significan que no pueda un intérprete modificar su posición ante un texto nuevo. No significa que esté cerrado, significa que el hombre acumula experiencias en su conocer, y que tales experiencias forman parte de su existencia. No existe el intérprete objetivo.*

—*Ahora lo entiendo.*

—*¿Ves? Cada uno parte de su prejuicio y de su experiencia. Esto permite comprender que pueda haber historiadores con un perfil cristiano, o marxista, o liberal,...*

—*Por eso son subjetivos.*

—*Efectivamente. Y nos queda la autoridad. La autoridad expresa que la tradición que viene del pasado contiene una fuerza que es dada por la autoridad de lo que manifiesta. Las tradiciones no son simplemente anécdotas del pasado, sino que expresan con fuerza (eso es autoridad) el carácter del presente y la solidez de lo construido. La tradición entregada tiene un peso, un valor, no es una tontería.*

—*Vale. Ponme un ejemplo de todo esto.*

Se quedó un rato pensando, hasta que arguyó uno.

—*Imagínate a un historiador de la filosofía que estudie a Aristóteles. La tradición de Aristóteles llega hasta él transmitida por los pensadores de la Edad Media. Gente como Santo Tomás de*

Aquino, pero también como los neoescolásticos del siglo XIX, como el filósofo francés Garrigou-Lagrange.
—Sigue.
—*El investigador debe conocer a Aristóteles, pero también la evolución de lo que se ha pensado sobre él. No es lo mismo "Aristóteles" que la interpretación que se hizo de él "en la escolástica", o en la "neoescolástica".*
—Claro, es obvio que no será igual.
—*El historiador tiene prejuicios, porque previamente ha estudiado unos textos sobre Aristóteles de dudosa autoría, pero que han formado en el investigador, en nuestro intérprete, una idea de Aristóteles. Este historiador concede autoridad y valor a la tradición recibida.*
—Pero eso no tiene por qué limitar su trabajo.
—*Efectivamente. Su estudio del pasado forma parte del bagaje del investigador cuando va a interpretar un nuevo texto de Aristóteles. Esto le servirá para rehacer su opinión, o mantener la que tenía. Al menos tendrá esas dos opciones.*
—Y este método hermenéutico, ¿vale para textos antiguos?
—*Y para hallazgos arqueológicos, fuentes de carácter histórico, estadísticas. Pero hay más.*
—Te escucho.
—*El método hermenéutico es extensible también para las ciencias naturales. La subjetividad del historiador no es muy distinta de la subjetividad del científico en su laboratorio. El científico también está sujeto a los prejuicios, a las tradiciones y la autoridad.*
—¿Seguro?
—*Observa a un biólogo, por ejemplo. Igual que el historiador selecciona un hecho histórico de manera subjetiva, el biólogo selecciona el objeto de su investigación. El historiador tiene prejuicios por sus conocimientos acumulados previamente; pero el biólogo también parte de sus conocimientos previos para formular sus hipótesis. Finalmente, el historiador concede importancia a las tradiciones recibidas por otros historiadores, pero también el biólogo recibe la tradición de la ciencia que ha estudiado hasta hoy.*

—Tienes razón, tan subjetivo es uno como otro. Supongo que también lo son cuando interpretan la realidad, o cuando tratan desde la genialidad de cada uno, de formular una hipótesis que explique lo de cada uno.

—La mayor diferencia entre un historiador y un biólogo estaría en el objeto de estudio, pero no en el método. El historiador no puede repetir el acontecimiento histórico. Debe dar credibilidad a la fuente de la historia, al dato o al texto que analiza. El biólogo en cambio puede repetir el experimento tantas veces quiera. Aunque lo cierto es que estará interpretando lo que realiza desde su subjetividad. Si la explicación que da no es refutada por un experimento, entonces creerá en su explicación.

—Es como si tuviera una creencia.

—En parte es así. Pongo un ejemplo. En los siglos pasados, un señor, llamado Torricelli, hizo un experimento. Tomó un tubo, lo llenó de mercurio, y lo puso con el orificio abierto en una palangana llena también de mercurio. El mercurio bajó, pero no hasta vaciarse el tubo.

—Si lo recuerdo. Es como cuando pongo un flan en un plato, tengo que hacer un pequeño agujerito para que caiga el flan sobre el plato.

—Buena analogía —dijo Logisto riéndose—. En aquella época había muchas dudas sobre qué había en el extremo del tubo cuando bajaba el mercurio. El prejuicio de Galileo y Descartes afirmaba que no podía haber vacío, porque existía un "horror vacui", es decir, el vacío era imposible. Por eso dijeron que había una molécula agrandada hasta su límite. En cambio, Pascal y otros afirmaban que sí que había vacío y que se originaba por la presión atmosférica. Para comprobar esta segunda hipótesis subieron hasta una montaña para comprobar si variaba la presión. Se hizo y se comprobó que sí variaba el nivel de mercurio.

—¿Y cómo refutaron que hubiera "algo, una molécula" y no "vacío"?

—Para saber si había vacío se hizo el mismo experimento dentro del mismo experimento. Un tubo de Torricelli dentro de otro tubo de Torricelli. Se refutó que hubiera algo que sujetara el *mercurio hasta una atmósfera de presión. No había nada en el espacio que se abriera entre el mercurio y el fondo del tubo.*

—Quedó mal el pobre Galileo.

—Tuvo que cambiar de opinión. Cayeron sus prejuicios sobre el vacío. Aquello que él decía fue refutado; y lo que dijo Pascal todavía no ha sido refutado.

—Pero según la filosofía de la ciencia es tan subjetivo como lo que dijo Galileo sobre el vacío.

—Sí, así es. Que no haya sido refutado hasta la fecha habla de una teoría más sólida, pero no de una teoría demostrada.

—Entiendo.

—El método hermenéutico desveló la subjetividad de las ciencias y de los científicos, tanto de las ciencias sociales como las naturales, aunque algunos mecanismos de las mismas sean diferentes.

—Es decir la ciencia no es…

—No es objetiva, demostrable, exacta ni progresiva. No es nada de eso.

LA CIENCIA COMO LENGUAJE INSERTO EN UNA CULTURA CONCRETA.

La filosofía de la ciencia, en la explicación que me estaba ofreciendo Logisto, me abrió los ojos a lo que era la ciencia verdaderamente. La ciencia no era lo que nos habían contado en el pasado. No era algo objetivo, demostrable, exacto o progresivo.
En realidad era un discurso que no podía demostrar la realidad. En ese sentido era parecido a lo que decía Beato. La diferencia estaba en la capacidad de la ciencia para refutar.

—*Logisto, el lenguaje de la ciencia es semejante al lenguaje de Beato.*
—*No, claro que no. No recuerdas que hablamos de la diferencia entre un lenguaje narrativo y un lenguaje conceptual.*

—Si lo recuerdo. Mi pregunta sería si el lenguaje conceptual es válido para las ciencias.

Aquello le pilló un poco por sorpresa, y estuvo durante unos segundos pensando una respuesta.

—Sí, sí que es válido. Te voy a contar algo sobre el lenguaje que alguna vez ya he apuntado.

—Mira, antes de que se produjera la crisis del positivismo por causa de la filosofía hermenéutica de Gadamer y Ricoeur, un grupo de filósofos matemáticos, intentó buscar un lenguaje que fuera exacto y que permitiera a la ciencia expresarse de manera objetiva y veraz.

—Es lo que hicieron Russell, Frege y Whitehead. ¿No? Lo explicaste el otro día.

—Eso es. Estos autores lograron crear el lenguaje de la lógica matemática, que es un lenguaje formalizado con posibilidades de exactitud. El problema es que no habían reparado en dos cosas.

—¿En qué?

—En primer lugar, que los primeros principios de la matemática, o de la lógica, no pueden ser demostrados. Y la segunda cuestión es que las ciencias naturales también emplean el lenguaje ordinario, además del lenguaje de la matemática y de la lógica. Cuando trataron de elaborar un lenguaje nuevo, que sustituyera al lenguaje ordinario para las ciencias, vieron que se quedaban sin ciencias. Muchas de las proposiciones tenidas por científicas se vieron que no cumplían el filtro exigente de los positivistas. El lenguaje de la ciencia no podía ser riguroso ni preciso, debían conformarse con lo que tenía.

—Una gran decepción, supongo.

—Ahí no quedó la cosa. Ante tal tesitura, un autor Wittgenstein, alcanzó el aplauso y el reconocimiento por parte de los positivistas del llamado "Circulo de Viena", por su obra "Tractatus logico-philosophicus".

—¿Wittgenstein? Creo que lo nombraste alguna vez.

—Es posible. Te cuento. Wittgenstein afirmaba la relación entre el mundo y el lenguaje. De manera que los límites de nuestro *conocimiento, son los límites de nuestro lenguaje. Expresamos y conocemos mediante el lenguaje, y no podemos pensar fuera del lenguaje que vamos creando. Afirmó también que la forma lógica del lenguaje se nos impone, que no podemos ir contra ella, y que lo que no se dice fuera de la forma lógica no se debe decir. O dicho de otro modo, que el único lenguaje realmente valioso era el lenguaje científico, o que así era calificado.*

—Supongo que respiraron aliviados.

—Supones bien, pero duró la dicha poco tiempo, porque Wittgenstein refutó años más tarde su propia teoría en una obra no menos famosa: "Investigaciones filosóficas". En ella afirmaba, entre otras cosas, que el lenguaje funcionaba en una especie de "juegos de lenguaje", de manera que está permitida la imprecisión porque la principal función del lenguaje es la comunicación.

—Y la ciencia es un lenguaje más.

—Correcto. La ciencia es un lenguaje más, por eso es tan imprecisa como lo puede ser el lenguaje ordinario. El límite de nuestro conocimiento es el límite de nuestro lenguaje, pero Wittgenstein tuvo que reconocer que el lenguaje estaba hecho para comunicarse, y que la lógica no era más que un tipo de lenguaje creado artificialmente. Pero como las ciencias naturales emplean lenguajes ordinarios con sus propias incorrecciones y trampas eso implicaba que el conocimiento científico no fuera exacto.

—Ni exacto ni demostrable.

—Popper propuso su teoría de la falsabilidad. Una proposición es científica cuando puede ser falsada. Es decir, cuando es posible demostrarse la falsedad de la misma. Esto afecta a la estructura de la afirmación, pero no a la afirmación en sí. Esto le permite delimitar proposiciones científicas de las proposiciones dogmáticas.

—Ponme un ejemplo.

—Vale. Por ejemplo… Una proposición que afirme que "Dios es amor y que ama a los hombres" no será científica, precisamente porque de ninguna manera puede demostrarse lo contrario. En cambio, afirmar que "el hombre proviene evolutivamente del mono" es científico porque está sometido

constantemente a que en cualquier momento alguien pueda afirmar lo contrario ofreciendo pruebas que refuten tal tesis.

—*Es decir que la ciencia no es demostrable.*

—*Ni demostrable ni progresa. La ciencia, para Popper, no va de verdad en verdad, sino de falsación en falsación. Para algunos está dando vueltas sobre sí misma. Y para otros, la posibilidad de refutar es como caminar de espaldas. Es complicado, se va despacio, pero se avanza algo.*

—*Son opiniones distintas. Supongo que no serán las únicas.*

—*No, claro que no. Los filósofos de la ciencia son muy plurales, y hay muchas perspectivas distintas para este embrollo. Hay una crisis importante con la aportación de Thomas S. Kuhn a mediados del siglo XX.*

—*¿Que afirmó?*

—*Básicamente, Kuhn dijo que la ciencia funciona conforme a la mentalidad de la época, es decir, que se encarna en su tiempo, de la misma manera que se encarnan en su tiempo los científicos que formulan sus hipótesis y construyen sus paradigmas. La ciencia es tan subjetiva y está tan influenciada por la historia como el resto de las propuestas culturales de una sociedad. La ciencia es ciencia de un tiempo y un lugar concreto.*

—*Por un ejemplo de esto que dices.*

—*Por ejemplo Galileo. Afirmó que el sol estaba en el centro, y esa idea es paralela a la idea política del absolutismo, todos girando alrededor de un Rey-Sol.*

—*¡Anda!*

—*O Darwin en el siglo XIX, habla de lucha de las especies, lucha por la supervivencia. Lo cual tenía su paralelismo en el marxismo político y la lucha de clases. En los dos encontramos una dialéctica, sólo que una la disfrazamos de objetividad científica, lo que es una exageración.*

—*Supongo que con ellos, la ciencia ha entrado en crisis.*

—*Sí en cuanto a su discurso, pero no en cuanto a sus aplicaciones prácticas. La ciencia se atasca, pero la tecnología crece y mejora.*

—*Ya.*

—Lo último. Hay un pensador llamado Feyerabend que opina que la ciencia es lo que unos científicos dicen que es, es una especie de consenso sobre algo que no saben lo que es, pero que da fortaleza a su discurso. Los científicos son una especie de poderosos que se arrogan la verdad absoluta.

—Ya. Pues mi impresión tras la pandemia es que andan más perdidos que carracuca.

—Sí, es verdad. Pero las vacunas que han sacado funcionan, más o menos. Es decir, la ciencia camina sobre teorías no refutadas, y la tecnología lo hace con cierta practicidad.

—Habrá que hablar, aunque sea un poco de la tecnología.

—Te tomo la palabra. Pero hoy no, que tengo cosas que hacer.

FILOSOFÍA Y TÉCNICA. CONCEPTO Y TERMINOLOGÍA.

Un día del siglo XXI, que salió nuestro amigo Sciencio a dar un paseo por la ciudad, me lo encontré. Estaba estupendamente, y nos paramos a hablar.

Seguramente estaba todavía dolido y mosqueado, pero no pudo rehuir mi persona, ni la conversación que le propuse. Terminamos tomando un café, más lento que rápido, y es que en el fondo, a los dos nos apetecía hablar.

—*Hay un tema que quiero preguntarte, si no es molestia.*
—*Dime.*
—*¿Es lo mismo la ciencia que la tecnología?*
Se quedó en silencio y me miró circunspecto.
—*No es lo mismo —me dijo.*
—*¿Y qué diferencia hay?*

—*Mira. Llevamos milenios usando el fuego, pero no hemos comprendido lo que es la combustión hasta hace trescientos años. Usar el fuego es conocer la técnica para fabricarlo, conocer sus propiedades y utilizarlo. Eso es tecnología.*
—*¿Y la ciencia?*
—*Ciencia sería saber, por ejemplo, que cuando algo se incendia, chupa oxígeno del aire, y que emite CO_2. Sabíamos que por el humo, uno se puede asfixiar; es una observación muy antigua, pero saber que si eliminas el oxígeno en la combustión se apaga la llama, eso es ciencia.*
—*Ya entiendo. Ciencia es un discurso, una explicación, mientras que técnica es saber manejar algo.*
—*Y hay más. Si sabes que puedes apagar un fuego eliminando el oxígeno, podrás fabricar un extintor más eficaz que haga eso. La ciencia puede inspirar de nuevo a la tecnología.*
—*Sciencio, me gustaría que volvieras a nuestras reuniones y a tomar café con nosotros.*

Con Logisto había aprendido que la ciencia es, sin más, un lenguaje que elaboramos para tratar de explicar la realidad. En este sentido no podemos afirmar que avance, que sea verdad, o que progrese. Es simplemente un lenguaje, una explicación que no está refutada, y que por tanto puede soportar la solidez del tiempo mejor que otros discursos.

Comprendía que el discurso científico se iba modificando con el tiempo, iba cambiando. La historia de la ciencia es la historia del lenguaje científico, de las descripciones y de las explicaciones que se hicieron en el pasado hasta el día de hoy.

Ciertamente, la ciencia había modificado su discurso con los siglos. Por eso no teníamos garantía alguna de que lo que dijera hoy fuera mejor que lo que dijo en el pasado. Simplemente eran discursos distintos, que dependían de una sociedad y cultura diferente.

La técnica me la explicó Sciencio.

La técnica no tiene que ver con el lenguaje. Hablamos de inventos, de instrumentos que la humanidad ha empleado desde el inicio de los tiempos. Técnicas líticas en la edad de piedra, por ejemplo.

La técnica tiene una aplicación práctica importante en todas las culturas, y todas las culturas desarrollan una serie de técnicas que les permiten sobrevivir. Para ello, no se necesitan elaborar excesivos cálculos ni discursos científicos. Se basa en la observación de la naturaleza y en la experimentación más o menos de las cosas.

Primero observamos y luego pensamos y actuamos. ¿Por qué la tierra es más fértil cuando se remueve antes de la siembra? La ciencia trata de explicar que se debe a los nutrientes, y a la oxigenación. La técnica simplemente usa un arado, aunque no sepa nada de nutrientes ni de oxigenación.

Nuestra cultura occidental ha desarrollado de manera creciente una amplia tecnología. Desde ese punto de vista, sí podemos hablar de avance o progreso. Tenemos aparatos e inventos que resuelven mejor, o al menos de manera distinta, nuestras necesidades culturales.

Esa tecnología tiene como punto de partida el lenguaje científico, tanto en su vertiente matemática como en su vertiente ordinaria. Realiza, gracias a la matemática, los cálculos precisos para controlar los experimentos, y lograr así un invento con mayor precisión y ajuste.

La técnica utiliza la electricidad, por ejemplo, aunque no sepa lo que es; o usa la imantación para hacer brújulas, aunque desconozca los principios del electromagnetismo.

En este sentido, los inventos no requieren saber estrictamente qué son las cosas, sino simplemente cómo funcionan, poderlas medir y ver las funciones que puede desempeñar.

La tecnología es útil a las necesidades culturales concretas de una sociedad. Era la utilidad de la que todo el mundo hablaba. Lo que era útil era valioso; lo inútil, es despreciado.

Sin embargo, yo pensé, y aprendí de mis amigos, que para vivir, para la vida cotidiana, el saber útil no era siempre el más interesante, ni el mejor para determinados problemas.

Por ejemplo, ante una enfermedad grave, es casi tan bueno saber rezar como encontrar a alguien que sepa medicina. La tecnología no habla del sentido profundo de la vida. Y la ciencia tampoco. No había conocimientos más útiles o menos útiles sino en función del estilo de vida de cada uno, pero incluso en estos supuestos, antes el devenir de la existencia, hay cosas útiles que seguro que no las necesitamos en otros momentos de la vida. Y al revés.

Habitualmente decimos que la ciencia avanza y progresa, pero realmente lo que ha progresado y variado en nuestra sociedad es la técnica, y ha sido gracias a la revolución industrial, no a la ciencia. Cacharros, artilugios y demás habían sido fruto de la mente de unos ingenieros, de científicos que habían pensado en aplicar su saber.

Eso me hizo pensar también que la ciencia corre el peligro de creerse que su discurso es el único verdadero y posible, que todas sus afirmaciones son verdaderas, o que avanza inevitablemente ofreciendo todas las respuestas a las necesidades del hombre. Esa era la visión del siglo XIX, demasiado optimista.

Hoy, a la ciencia, y a Sciencio le pedimos más humildad. Lo mismo que solicitamos para la religión, la teología o la filosofía. Ninguno tiene un conocimiento absoluto, ninguno es poseedor de una verdad indubitable y absoluta. Ni siquiera en los asuntos de Dios, pues como decía nuestro amigo Teófilo: es más lo que desconocemos de Dios, que lo que conocemos.

Podríamos decir lo mismo de los demás.

Lo que desconocemos del universo, es mayor que lo que sabemos de él.
Por eso nuestro discurso debe ser más humilde.

Lo más que podemos ofrecer es un lenguaje explicativo sobre la realidad, un lenguaje a la altura de otros lenguajes como los de las ciencias sociales o el arte. Todo eso nos va a ayudar a comprender nuestro mundo, pero no son el único discurso posible sobre la realidad.

—El peligro de la técnica está en pensar que la técnica resuelve todos nuestros problemas —le dije a Sciencio para que lo pensara.
—No te digo que no sea verdad. Nuestra cultura occidental ha propiciado —a causa de la llamada sociedad de consumo, basada en el sistema capitalista—, un incremento en el uso de la tecnología. El siglo XX ha sido el siglo de los inventos, y eso nunca había sucedido en la humanidad.
—Ya, pero sí constantemente se crean nuevas necesidades y se abren nuevos mercados… corremos el riesgo de pensar que por tener más tecnología seremos más felices, o creer que la técnica va a resolver todos los problemas del hombre.
Me miró en silencio. Aquello le estaba haciendo pensar. La frase no era mía, creo que se la había escuchado a Logisto alguna vez.
—¿A qué hora quedaréis los cuatro en la cafetería? —preguntó Sciencio cuando nos íbamos a despedir para continuar con nuestras cosas.
Aquel fue otro buen día.

INDICE

- Cuatro amigos — 3
- El primer café. — 7
- El yo lo sé todo y otras cuitas. — 13
- En busca de la verdad perdida. — 17
- Un extraño animal. — 21
- La negación de mis amigos. — 27
- Sumar y no restar. — 31
- Otra oportunidad. — 35
- Una historia contada por dos amigos distintos. — 39
- La historia retocada de Beato. — 43
- La historia de No-Beato. — 47
- Interpretar la vida. — 51
- La religión en la cultura y la sociedad. — 57
- Una religión posee creencias. — 65
- Una religión posee normas éticas y morales. — 71
- Una religión posee sus ritos, que realiza y actualiza. — 77
- Un superamigo llamado Teólogo. — 83
- El lenguaje poético y el lenguaje conceptual. — 87
- Los oponentes que nunca vinieron a cenar. — 93

- Las reglas del juego. Los axiomas. 99
- El trabajo escondido y sacrificado del científico. 105
- Filosofía y matemática. Conceptos y terminología. 113
- Una tarde con Logisto a solas. 117
- El fracaso de la lógica y de Russell. 121
- La precisión de la matemática no es contagiosa. 125
- Filosofía y ciencia. Concepto y terminología. 129
- Lo que hace la ciencia cuando hace ciencia. 135
- Hablar de ciencia es hablar de método científico. 143
- El método de las ciencias sociales. 147
- La ciencia como lenguaje concreto inserto en una cultura concreta. 153
- Filosofía y técnica. Concepto y terminología. 159

SALUDOS FINALES.

Gracias amigo lector por llegar hasta aquí.
Te invito a que sigas leyendo en la colección EL PLACER DE PENSAR, pues abrir la mente siempre entretenido y divertido.
Puedes ponerte en contacto con nosotros en el blog del autor y escritor para darnos tu opinión y parecer sobre el libro.
Muchos gracias y felices lecturas.

http://topitocava.blog

cursoantoniolopez@gmail.com

www.ingramcontent.com/pod-product-compliance
Lightning Source LLC
Chambersburg PA
CBHW071404210526
45465CB00001B/246